国家出版基金项目
NATIONAL PUBLICATION FOUNDATION

"十四五"国家重点出版物出版规划重大工程

污染控制理论与
应用前沿丛书

生物电化学系统的催化
与污染转化过程

Microbial and Chemical Catalysis
in Bio-electrochemical Systems

刘贤伟　著

中国科学技术大学出版社

内 容 简 介

生物电化学系统的催化涵盖微生物学、(电)化学、物理学、材料学以及工程学等诸多学科知识,它通过化学、生物与材料的原理及方法实现资源和能源的回收以及环境的修复,具有良好的发展前景。本书不仅介绍了生物电化学系统的基本原理、微生物电子传递等内容,还讨论了关于生物电化学系统催化过程最近的研究动态,从电极材料设计、催化机理解析等方面阐明了纳米材料、聚合电子媒介及生物膜等对生物电化学系统催化过程的调控,同时结合产能、污染物降解等方面介绍了生物电化学系统与活性污泥技术耦合的低成本废水处理系统,涉及最前沿的生物电化学系统在废水处理与资源回收领域的实际应用。本书对于推动生物电化学系统的进步有着重要意义,可为实际应用提供理论指导和技术支持。

图书在版编目(CIP)数据

生物电化学系统的催化与污染转化过程/刘贤伟著.—合肥:中国科学技术大学出版社,2022.3

(污染控制理论与应用前沿丛书/俞汉青主编)

国家出版基金项目

"十四五"国家重点出版物出版规划重大工程

ISBN 978-7-312-05394-8

Ⅰ.生… Ⅱ.刘… Ⅲ.生物电化学—应用—污染物—催化—研究 Ⅳ.X5

中国版本图书馆 CIP 数据核字(2022)第 031504 号

生物电化学系统的催化与污染转化过程

SHENGWU-DIANHUAXUE XITONG DE CUIHUA YU WURAN ZHUANHUA GUOCHENG

出版	中国科学技术大学出版社
	安徽省合肥市金寨路 96 号,230026
	http://www.press.ustc.edu.cn
	https://zgkxjsdxcbs.tmall.com
印刷	安徽联众印刷有限公司
发行	中国科学技术大学出版社
开本	787 mm×1092 mm 1/16
印张	14.25
字数	326 千
版次	2022 年 3 月第 1 版
印次	2022 年 3 月第 1 次印刷
定价	88.00 元

总　序

建设生态文明是关系人民福祉、关乎民族未来的长远大计，在党的十八大以来被提升到突出的战略地位。2017 年 10 月，党的十九大报告明确提出"污染防治"是生态文明建设的重要战略部署，是我国决胜全面建成小康社会的三大攻坚战之一。2018 年，国务院政府工作报告进一步强调要打好"污染防治攻坚战"，确保生态环境质量总体改善。这都显示出党和国家推动我国生态环境保护水平同全面建成小康社会目标相适应的决心。

当前，我国环境污染状况有所缓解，但总体形势仍然严峻，已严重制约了我国经济社会的持续健康发展。发展以资源回收利用为导向的污染控制新理论与新技术，是进一步推动污染物高效、低成本、稳定去除的发展方向，已成为国家重大战略需求和国际重要学术前沿。

为了配合国家对生态文明建设、"污染防治攻坚战"的一系列重大布局，抢占污染控制领域国际学术前沿制高点，加快传播与普及生态环境污染控制的前沿科学研究成果，促进相关领域人才培养，推动科技进步及成果转化，我们组织一批来自多个"双一流"大学、活跃在我国环境科学与工程前沿领域、有影响力的科学家共同撰写"污染控制理论与应用前沿丛书"。

本丛书是作者团队承担的国家重大重点科研项目（国家重大科技专项、国家 863 计划、国家自然科学基金）和获得的重大科技成果奖励（2014 年国家自然科学奖二等奖、2020 年国家科学技术进步奖二等奖）的系统总结，是作者团队攻读博士学位期间取得的重要的前沿学术成果（全国百篇优秀博士论文、中国科学院优秀博士论文等）的系统凝练，是一套系统反映污染控制基础科学理论与前沿高新技术研究成果的系列图书。本丛书围绕我国环境领域的污染物生化控制、转化机制、无害化处置、资源回收利用等亟须解决的一些重大科学问题与技术问题，将物理学、化学、生物学、材料学等学科的最新理论成果以及前沿高新技术应用到污染控制过程中,总结了我国目前在污染控制领域(特别是废水和固废领域)的重要研究进展,探索、建立并发展了常温空气阴极燃料电池、纳米材料、新兴生物电化学系统、新型膜生物反应器、水体污染物的化学及生物转化,以及固体废弃物污染控制与清洁转化等方面的前沿理论与技术,形成了具有广阔应用前景的新理论和新方法,为污染控制与治理提供了理论基础和科学依据。

"污染控制理论与应用前沿丛书"是服务国家重大战略需求、推动生态文明建设、打赢"污染防治攻坚战"的一套丛书。其出版将有利于促进最前沿的科研成果得到及时的传播和应用,有利于促进污染治理人才和高水平创新团队的培养,有利于推动我国环境污染控制和治理相关领域的发展和国际竞争力的提升;同时为环境污染控制与治理实践提供新思路、新技术、新材料,也可以为政府环境决策、强化环境管理、履行国际环境公约等提供科学依据和技术支撑,在保障生态环境安全、实施生态文明建设、打赢"污染防治攻坚战"中起到不可替代的作用。

编委会

2021 年 10 月

前　言

开发和研究可持续的新型能源转化反应是涉及材料、工程、生物和环境等多个领域的交叉课题。由于地球化石能源的总储量有限,而人类对能源的需求一直在快速增长,因此,近年来越来越多的科研工作者将目光放在新型的能源转化反应的研究中。其中,旨在从废水和废气中回收、利用和合成有用资源的生物电化学/电化学能源转化反应,如生物电化学系统(bio-electrochemical system,BES),因其具有将废弃物转化为可利用的能源和化工原料的潜力,成为当前世界范围内能源研究的热点分支。

生物电化学系统技术更新了传统有机废弃物处理的概念,可在有效处理废弃物或生物质的同时,回收电能、生产高附加值产品、实现污染脱毒,是解决能源危机和环境污染问题的有效手段之一,由于其具有多重功效和可持续性等特点,目前被认为是集废水处理与能源再生于一体的新技术。研究生物电化学系统中微生物与电极材料的相互作用、设计更高效的电极催化剂,对于实现生物电化学系统的工程化应用有重要的意义。

本书围绕生物电化学系统的催化与污染转化过程,对其原理、应用等进行了阐述,针对生物电化学系统中电极反应催化效率低的关键问题,重点讲述了电极材料设计、催化机理解析与实际应用效果评价等方面的内容,介绍了生物电化学系统中生物与化学催化过程的多种人工强化方法。

本书主要内容如下:第1章从生物电化学系统的工作原理及电化学损失、电极的化学催化与生物催化等方面系统概述了生物电化学系统的催化过程;第2章主要从解偶联效应及电子受体对细菌电子传递途径的调控等方面研究微生物的胞内及胞外电子传递过程;第3章主要介绍了自组装碳纳米管水凝胶、碳纳米管网络结构及石墨烯纳米带等碳纳米材料对阳极的化学催化过程;第4章对电聚合电子媒介调控阳极催化作了简要介绍;第5章针对锰氧化物、MnO_x/PAn纳米复合材料、石墨烯/钯纳米颗粒等纳米材料催化阴极氧还原的过程进行了研究;第6章介绍了莱茵衣藻强化阴极催化还原氧气的过程,并分析了电势调控对该过程的影响;第7章介绍了微生物燃料电池与污水处理的联用技术,并对其应用前景进行了分析。

　　本书可供环境科学与工程、化学生物学、生命科学等相关领域的工作者参考,同时也可作为高等院校环境科学与工程专业高年级学生及环境专业研究生的教材。本书在编写过程中借鉴了王永鹏、黄裕熙等国内外生物电化学系统研究者的最新研究成果,在此谨向各位学者、专家、同仁致以最诚挚的感谢,也向对本书出版提供帮助的编辑以及支持和关注本书的每一个人致以衷心的感谢。

　　由于作者水平有限,书中难免有疏漏之处,敬请有关专家、读者批评指正。

刘贤伟

2021 年 10 月

目　录

污染控制理论与应用前沿丛书

生物电化学系统的催化与污染转化过程

生物电化学系统概述

生物电化学系统是近几年国际上环境、生物与能源领域的一个研究热点。BES 技术更新了传统有机废弃物处理的概念,可以在有效处理废弃物或生物质的同时,回收电能、生产高附加值产品、实现污染脱毒,是解决能源危机和环境污染问题的有效手段之一。由于其具有多重功效和可持续性等特点,目前被认为是集废水处理与能源再生于一体的新技术之一[1-2]。采用 BES 处理废水时,阳极微生物利用阳极作为电子受体将有机底物氧化,反应过程伴随着电子和质子的释放;释放的电子在微生物作用下通过电子传递介质转移到阳极,然后通过导线转移到阴极,同时质子透过质子交换膜也到达阴极表面,并与电子受体结合。阳极微生物是 BES 驱动的载体,是闭合回路中的电子释放者;而阴极则是不同电子受体与电子质子结合的场所。因此增强对 BES 中阳极和阴极电子传递过程的认识,提高 BES 中催化过程的效率,可以更好地实现 BES 的工程化应用。

1.1

生物电化学系统的原理

1.1.1

生物电化学系统的工作原理

BES 是基于微生物燃料电池(microbial fuel cell,MFC)发展起来的一种环境生物技术。在 BES 中,微生物通过新陈代谢氧化有机物后将电子胞外传递给阳极,电子再通过外电路到达阴极,同时质子透过质子交换膜扩散到阴极腔室,在此处的质子、电子与电子受体结合[1],如图 1.1 所示。而 BES 阳极腔室中的 pH 为中性,为了增加溶液的电导性和维持其 pH,一般会采用磷酸盐或者碳酸盐缓冲液。由于在缓冲液中其他离子浓度会远高于质子的浓度,所以实际迁移到阴极腔室的往往是钾离子、钠离子和铵离子等[3]。

如果以污染物直接转化为电能为目的,BES 可以以 MFC 的方式运行。按照此模式运行时,外电路连接着一个电阻。对于一个 MFC 而言,如果阳极以乙

酸作为电子供体,阴极以氧气作为电子受体,则发生如下反应:

$$阳极:CH_3COO^- + 4H_2O \longrightarrow 2HCO_3^- + 9H^+ + 8e^- \tag{1.1}$$

$$阴极:O_2 + 4H^+ + 4e^- \longrightarrow 2H_2O \tag{1.2}$$

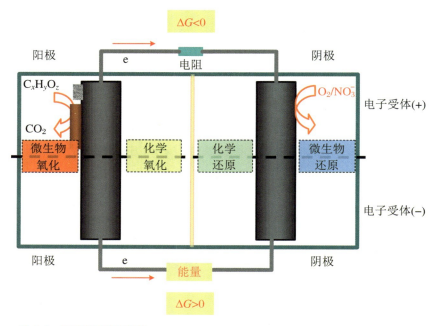

图 1.1　BES 原理示意图

假设乙酸钠浓度为 1 g·L^{-1},生成的 HCO$_3^-$ 浓度为 5 mmol·L^{-1},在常温常压下以及 pH 为中性时,根据能斯特方程计算可知,阳极的理论电位为 -0.296 V[4],而阴极电位则为 0.816 V(详见 1.4.1.1)[1]。因此根据上述数据,可以算出单个 MFC 的最大理论电压为 1.112 V。

当 BES 作为 MFC 运行时,即阴极电子受体(氧气、硝酸根、高氯酸根等)的标准电势为较高的正值,此时整个系统的吉布斯自由能 $\Delta G < 0$,反应可以自发进行,并且可以通过外电阻获得电能。当阴极的电子受体(质子、二氧化碳等)电位为负值时,$\Delta G > 0$,反应无法自发进行。对于这样一个 $\Delta G > 0$ 的封闭体系,要使其发生反应,需要外界给予能量投入。投入的能量可以有多种形式,譬如电能[5-7]、直接利用的太阳能[8]。能量的投入使得多种电子受体在 BES 的阴极还原成为可能,如图 1.2 所示。多种电子受体在阴极被还原无疑拓展了 BES 的新功能,从作为 MFC 的电能回收,到可以实现污染物脱毒与生物炼制。无论选择哪一种电子受体,均需要满足电子在 BES 的闭合回路中的定向流动,但此过程中会有能量损失,降低了 BES 的效率。

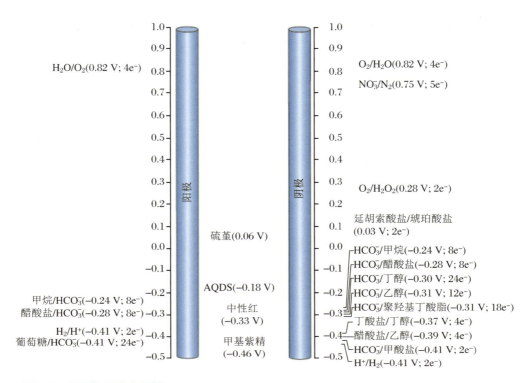

图 1.2　BES 的理论电压[9]

1.1.2

生物电化学系统中的电化学损失

在实际的 BES 体系中，电子从微生物传递至最终电子受体的过程伴随着能量的损失，在电化学中表现为内阻。内阻降低了电压输出，从而降低了能量输出效率。这种能量的损失往往通过极化曲线表示，如图 1.3 所示。一条理想的极化曲线在不同的电流区间内往往包含以下三个区域：

（1）电荷转移过电势区（η_{act}）。这部分主要在低电流区，是由电极表面发生较慢的反应导致的。电荷转移过电势依赖于电极材料、催化剂、反应物活性等。

（2）欧姆过电势区（η_{ohm}）。这部分主要在中间区，是由电解液、质子交换膜、电极电阻及接触电阻引起的。

（3）传质过电势区（η_{con}）。这部分主要在高电流区，是由电极/电解液界面反应物浓度梯度引起的。传质过电势受电极的几何形状、结构、生物膜、电解液及反应物等因素的影响。

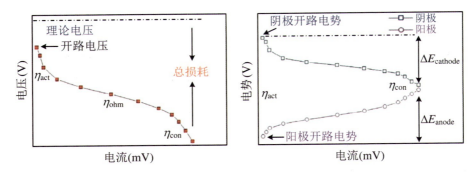

图 1.3 生物电化学系统理想的电流-电压极化曲线(a)以及阳极与阴极独立的电流-
电压极化曲线(b)[10]

BES 中的电荷转移过电势主要是由电极表面的异质反应速率决定的。当体系电流不大,即欧姆过电势与传质过电势足够小时,该反应动力学可以由 Butler-Volmer 公式进行描述[11]:

$$I = Ai_0\left[e^{\left(-\frac{anF\eta_{act,c}}{RT}\right)} - e^{\left(\frac{(1-a)nF\eta_{act,a}}{RT}\right)}\right] \tag{1.3}$$

式中,I 为电流,A 为电极活性面积,i_0 为交换电流密度,α 为对称系数,n 为电极反应转移的电子数,η_{act} 为电荷转移过电势。

在高过电势区,上述 Butler-Volmer 公式可以被简化为 Tafel 公式:

$$\eta_{act} = b\ln\left(\frac{i}{i_0}\right) \tag{1.4}$$

式中,i 为电流密度,b 为 Tafel 斜率。在生物电化学系统的研究中,可以利用 Tafel 公式计算交换电流[12-13]。因此,从 Tafel 公式看出,可以用以下策略来降低极化过电势:

(1)提高化学或者生物催化剂性能,可以有效降低活化能垒,提升电极性能。

(2)通过修饰电极,改变电极生物膜的组成,加速直接的电子传递过程[14]。

(3)使用具有较大比表面积的电极材料能有效增加电极反应的位点,提高电流密度[15]。

(4)微生物分泌的电化学活性污泥可以有效提高电极反应速率[16]。

(5)通过分子生物学手段优化电极微生物的种群结构。

1.2

生物电化学系统阳极

1.2.1

生物电化学系统阳极的化学催化

在 BES 系统研究的初期,研究者主要采用发酵型微生物在阳极腔室产生氢气,原位氧化产生电流。因此,这些研究大多集中在阳极的化学催化方面。Schröder 等[17]利用 Pt/聚苯胺复合材料修饰电极可以实现大肠杆菌发酵产生氢气的电化学氧化。为了进一步提高底物的利用率,Rosenbaum 等采用大肠杆菌将底物中的葡萄糖分解为氢气和小分子脂肪酸,这是暗发酵阶段,之后在光发酵阶段利用光合细菌以小分子脂肪酸为底物继续产氢,而氢气则可以在 Pt 修饰的电极上实现电化学氧化,获得电能。Pt 作为贵金属,价格昂贵,为了选择优良的替代品,Rosenbaum 等[18]采用碳化钨作阳极,提高了其阳极氧化氢气及小分子脂肪酸的性能。

1.2.2

生物电化学系统阳极的生物催化

1.2.2.1　阳极微生物的电子传递机理

BES 系统阳极底物氧化过程中产生的电子如何通过非导电性的细胞传递至阳极表面,是决定 BES 性能的关键因素与限速步骤[19],目前研究者仍在不断尝试各种方式解析这个胞外的电子传递过程。目前被广泛认可的主要是以下机制:生物膜机制,即产电微生物附着在电极表面形成生物膜,通过细胞外膜上的细胞色素或导电纤毛(纳米线)将呼吸链中的电子直接传递到电极表面的过程[20]；电子媒介机制，即微生物可自身分泌一些小分子、可溶性的氧化还原活性物质（如核黄素等），它们在细菌与电极之间充当电子传递的媒介[21]（图1.4）。

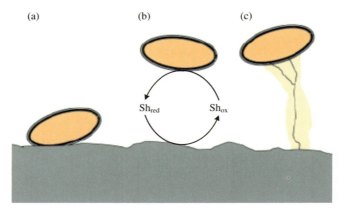

图1.4　阳极微生物胞外电子传递示意图：(a) 直接接触；
(b) 电子媒介；(c) 导电纤毛[22]

1. 生物膜直接电子传递

与阳极直接接触的生物膜细胞，可通过外膜氧化还原蛋白（如细胞色素 c）将电子直接转移至电极。红外与紫外光谱电化学研究表明，外膜细胞色素 c 具有电化学活性，其可作为微生物细胞外表面与电极表面间的接触点，通过直接与电极接触，接受或传递电子[23]。

Richter 等[24]用电化学方法研究了外膜蛋白在胞外电子传递过程中的具体作用。研究结果表明，*Geobacter sulfurreducens* 能够利用与膜相连的蛋白介导电子传递。与膜相连的氧化还原蛋白组分的性质是目前研究的热点。通过对 *Shewanella oneidensis* 的研究发现，其外膜的细胞色素 c 主要是由 OmcA 与 MtrC 蛋白构成的，由该复合蛋白介导的电子呼吸链终端主要负责了 *Shewanella oneidensis* 还原胞外的电子受体，例如 Fe(Ⅲ)、核黄素和电极等[25]（图 1.5）。

2005 年，研究者发现当生物膜中未直接接触阳极的细菌量占较大比例时，MFC 电能输出比直接接触机制驱动运行的相同 MFC 系统明显提高[27]，说明远离阳极的细菌能够采取特定的机制将电子传递到阳极。因此，他们发现 *Geobacter sulfurreducens* 表面存在一种宽为 3～5 nm，具有良好导电性的纤毛——微生物纳米导线[27]。纳米导线位于细胞的一侧，一端与细胞外膜相连，另一端与电极表面直接接触，在电子传递过程中可能起着重要的桥梁作用，使菌体摆脱了直接接触电极的限制，从而使远距离的电子传输成为可能。2006 年，Gorby 等[28]利用原子力显微镜也观察到 *Shewanella oneidensis* 有纳米导线存在。最近,El-Naggar 等则在纳米组装的图案电极上(图 1.6),利用原子力显微镜测到了电子在 *Shewanella oneidensis* 的纳米导线上传输,该导线的电阻率为 $1\,\Omega \cdot cm$。在 $100\,mV$ 偏压下,电子在微米级长度的纳米导线上的传输速率是 $10^9 \cdot s^{-1}$[29]。

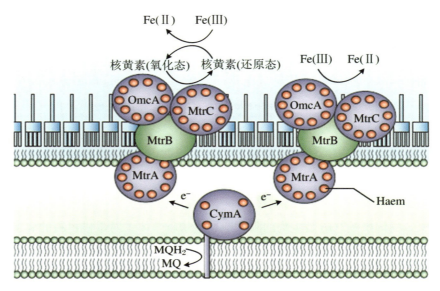

图 1.5　*Shewanella* 胞外电子传递示意图[26]

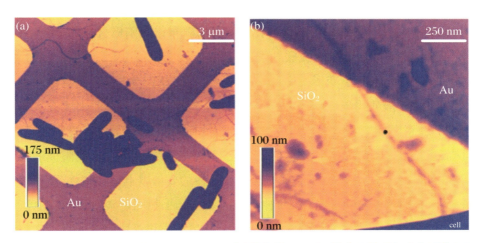

图 1.6　用 AFM 观察干的 *Shewanella* 细胞在镀金的 SiO_2/Si 基底上的随机分布照片(a)
以及用 AFM 接触模式成像细胞与金电极之间的纳米线照片(b)[29]

2. 电子媒介间接电子传递

　　一些微生物自身可分泌具有传递电子功能的氧化还原介体。这些介体是由次级代谢途径产生的小分子物质,与细胞外电子传递相关[30]。在微生物体内,分泌产生的氧化态次级代谢介体作为可逆的末端电子受体,接受电子形成还原态；介体将电子传递至胞外，在电极表面失去电子重新变成氧化态，进入细胞开始下一个氧化还原过程。一个介体分子能够不停地参与电子传递循环，因此少量介体就能够获得较高的电子传递效率。Rabaey 等[31]在 MFC 中检测出的绿脓菌素能够传递电子到电极表面。将这些介体用于其他微生物接种的 MFC 时，同样可以明显地提高电流输出效率。Hernandez 等[32]研究发现，*Pseudomonas chlororaphis* 分泌的酚嗪类物质可以加速微生物胞外电子受体的还原。Marsil 等则研究发现，*Shewanella oneidensis* 分泌的核黄素类物质可以加速微生物胞外电子传递。电化学实验进一步表明，核黄素加速电子传递的方式主要是通过降低 *Shewanella oneidensis* 胞外细胞色素 c 的过电势，催化其氧化还原反应[33]。

1.2.2.2 电极材料

BES 的阳极是产电微生物的附着地与电子收集体。对电极材料的要求是比表面积大、抗腐蚀、生物兼容性好和可以导电。最常用的阳极材料主要包括碳纸、碳布、网状玻璃碳、碳毡、颗粒活性炭和碳纳米管（carbon nanotubes，CNTs）。早期的单室空气阴极 MFC 都使用碳纸作阳极材料[34]。但由于碳纸价格高且易碎，随后大多使用柔性碳布代替碳纸，柔性碳布阳极最大功率密度与碳纸阳极基本相同。Zhao 等[35]研究发现，以高比表面积的碳布作为阳极材料的 BES，其性能优于同等条件下以石墨片或碳纤维这两种材料作阳极的 BES。但由于碳纸具有表面相对平坦且不易变形的优点，在一些产电菌分离、产电微生物群落及电极改性研究中一般使用碳纸等平整电极。He 等[36]在升流式 MFC 中填充了网状玻璃碳，获得了比较大的功率密度。Chauddhuri 等[37]对比了以石墨棒、碳毡和泡沫石墨作阳极的电流密度。他们发现在双室恒电位系统中，增加阳极的几何面积可提高电流产出，碳毡产生的电流是石墨棒的 3 倍以上；当以单位面积的电流密度和细胞量作评价标准时，两种材料的效果几乎相同。碳毡产生高电流的原因可能是碳毡的孔隙高于石墨棒。由钛丝束紧的石墨纤维组成的石墨刷是一种良好的阳极材料，可以最大限度地增加比表面积且导电性良好[38]。

电极改性是提高电极材料生物兼容性，提高微生物-电极间电子传递速率的有效途径。Cheng 等[39]采用氨气修饰碳布电极，可以有效提高电极表面的正电荷，有利于细菌的黏附，提高了细菌在电极界面的放电能力。Lowy 等[40]发现经蒽醌-2,6-二磺酸盐（AQDS）和 1,4-萘醌修饰的阳极所产生的电流比普通石墨电极分别高 1.7 倍和 1.5 倍。Qiao 等[41]将 CNTs 与聚苯胺混合在一起，通过聚四氟乙烯,将其修饰于电极之后,可以提高 MFC 的产电性能。同样将 CNTs 做成立体的纺织纤维电极也可以起到更好的收集电子的功效(图 1.7)。然而实验过程中采用了混合的微生物,该群落结构比较复杂,这种产电微生物与 CNTs 之间的相互作用机理尚不够清晰。我们课题组的前期研究发现,在碳纸与玻璃表面镀一层金膜后,*Shewanella oneidensis* 在镀金的碳纸表面具有较好的产电性能。这说明,电极材料的导电性是影响 BES 系统电子传递的一个方面的因素,而利于微生物黏附则是另外一个方面的因素。TiO_2 作为一种良好的半导体材料被应用于光催化的研究中。Qiao 等[42]则将其修饰于电极表面,研究发现,修饰后的电极可以有效降低极化电阻,而微生物的产电也可以得到强化,但这其中的机理尚不清楚。同样,我们在前期的研究中发现,石墨烯氧化物纳米带修饰的碳纸电极可以有效提高细菌/电极界面的电子传递速率[43]。实际上石墨烯氧化物的导电性要逊于还原态的石墨烯[44]。这说明材料的导电性不是影响电极材料修饰的关键因素。而材料中的电子与产电细菌间的电子能进行有效交换,可以更好地提高这种界面间的电子传递速率。

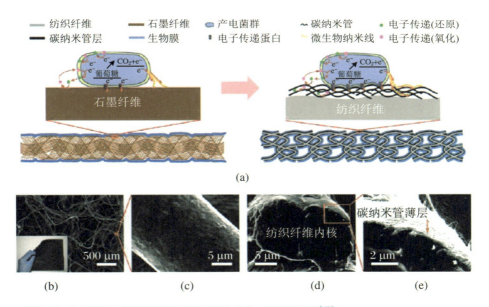

图 1.7　(a) CNTs 电极产电机理示意图;(b)~(e)SEM 图[45]

1.2.2.3　微生物种群与活性

阳极微生物是 BES 系统阳极催化、产生电流的主体。关于阳极微生物的研究大多集中在其电子传递机理的基础研究方面,详见前述分析。目前从微生物的角度优化其群落结构,提高微生物活性,则鲜有报道。水力剪切力可以影响生物膜。Pham 等[46]研究发现,在高水力剪切条件下,阳极生物膜的厚度是普通剪切条件下的 2 倍,而生物膜密度则是普通条件下的 5 倍,这种条件下使其产电性能提高 3 倍。然而要满足比较高的水力剪切力,则需要较大的电极面积。

BES 系统阳极微生物的生物催化活性与微生物群落有密切关系。研究发现,混合培养的微生物相对于纯种微生物具有更好的生物催化活性,能获得更大的电流。但是 Nevin 等[47]发现,*Geobacter sulfurreducens* 的生物膜也可以获得与混合种相当的电能。He 等[48]则利用光合微生物与异养微生物,通过它们之间的相互协作,开发了自己维持的新型 MFC。基因工程手段也可以提高非电化学活性微生物的生物催化性能。Jensen 等[49]发现,通过基因工程手段将 *Shewanella oneidensis* 的胞外电子传递链组装到模式大肠杆菌中,可以大大提高其对胞外金属离子及其氧化物的还原速率。

阳极微生物的生长与催化活性同时依赖于电极电势。Busalmen 等[50]研究发现,*Geobacter* 纯种细菌能够适应 0.1 V 和 0.4 V 两个电势,并且在该电势下均有电化学响应,这表明细菌在不同电势下有不同的呼吸过程。Finkelstein 等[51]在研究底泥 MFC 时发现,在不同的恒定电压下,富集的细菌群落是相似的,说明细菌可以调节它们的呼吸方式使自己得到最大能量,从而使胞外电子损失最小。相反地,Dumas 等[52]则研究发现正电势利用接种 *Geobacter sulfurreducens* 的 MFC 的启动。Torres 等[53]研究发现,通过在一个 BES 的阳极中插入多个石墨棒阳极,在较负的电势下,*Geobacter sulfurreducens* 是在电极生物膜中的主导细菌,而在正电势(0.37 V vs. SHE)下,其比例则很低。最近 Peng 等[54]则证明,电势可以调控 *Shewanella oneidensis* 胞外细胞色素 c 的表达,当电势恒定在 0 V vs. SHE 时,*Shewanella oneidensis* 可以表达细胞色素 c,而在 −0.24 V 时则不会。

污染控制理论与应用前沿丛书
生物电化学系统的催化与污染转化过程

1.3

生物电化学系统阴极

1.3.1

生物电化学系统阴极的化学催化

1.3.1.1 化学催化氧气还原

由于氧气广泛存在于自然环境中并具有较高的氧化电势,因此 BES 常以氧气作为氧化剂。

$$O_2 + 4H^+ + 4e^- \longrightarrow 2H_2O, \quad E^{\ominus}_{O_2/H_2O} = 0.816 \text{ V} \tag{1.5}$$

$$O_2 + 2H^+ + 2e^- \longrightarrow H_2O_2, \quad E^{\ominus}_{O_2/H_2O_2} = 0.257 \text{ V} \tag{1.6}$$

$$H_2O_2 + 2H^+ + 2e^- \longrightarrow 2H_2O, \quad E^{\ominus}_{H_2O_2/H_2O} = 1.375 \text{ V} \tag{1.7}$$

事实上,在阴极的氧气还原反应通过 $4H^+/4e^-$ 的一步反应[反应式(1.5)],或者通过产生 H_2O_2 作为瞬时中间体,最终被完全还原为 H_2O[反应式(1.6)和(1.7)]。以上两种反应途径产生了同样的电极电势,反应式(1.6)和(1.7)产生的电子通量与反应式(1.5)相同,因此电极电势为

$$E^{\ominus}_{\text{electrode}} = E^{\ominus'}_{O_2/H_2O} = \frac{E^{\ominus'}_{O_2/H_2O_2}}{2} + \frac{E^{\ominus'}_{H_2O_2/H_2O}}{2} \tag{1.8}$$

但是,在很多情况下,反应式(1.7)中的反应进行很慢。这时不是所有的 H_2O_2 都能被进一步还原,而只是其中一部分被还原,并被释放到电解质溶液中。因此,由于反应受产生的 H_2O_2 支配,电极电势降低为

$$E^{\ominus'}_{\text{electrode}} = \frac{E^{\ominus'}_{O_2/H_2O_2}}{2-x} + \frac{E^{\ominus'}_{H_2O_2/H_2O}}{2+x} \tag{1.9}$$

这不仅影响了阴极的电极电势和电流密度,而且在电极附近的 H_2O_2 作为强氧化剂破坏电极的催化中心以及电极的骨架材料,降低了阴极长期运行的稳定性[1]。

在未修饰的碳电极上的氧气具有很高的过电势,且电流密度一般小于 $100 \, \mu\text{A} \cdot \text{cm}^{-2}$(表 1.1)。为了降低这些限制并减小电极极化,Freguia 等[55]提出

表 1.1 BES 中阴极氧气还原催化剂的特性比较

氧还原反应催化剂		电解质溶液	OCP_{cath}（mV）	OCV_{MFC}（mV）	j_{max}（mA·cm^{-2}）	参考文献
化学类	铂	0.1 mol pH 7 磷酸盐缓冲剂	510		n.r.	[60]
	MnO$_x$	0.1 mol Na$_2$SO$_4$	410		18	[61]
		空气阴极	n.r.	580	0.15	[60]
	Ni-MnO$_x$	0.1 mol Na$_2$SO$_4$	260		2.8	[57]
	FePc	0.1 mol pH 7 磷酸盐缓冲剂	n.r.	n.a.	1.4	[58]
		0.5 mol NaH$_2$PO$_4$	540	850	0.8	[55]
碳类	碳颗粒	pH 6 M9 细菌培养基	500	n.r.	0.0017	[56]
	硝酸活化	50 mmol pH 7 磷酸盐缓冲剂	800	n.a.	1.4	[62]
生物类	ORR 生物膜	M9 细菌培养基	100	500	0.1	[63]
	MnO$_x$ 生物膜	pH 7.2 细菌培养基	600	n.r.	0.01	[14]
	CNT 生物膜	pH 7 细菌培养基	n.r.	n.r.	0.111	

注：n.a. 表示数据不存在（半电池），n.r. 表示数据未报道。

了应用比表面积大的碳材料作为阴极材料。Erable 等[56]发现对材料进行化学修饰可以提高它的催化活性。然而,这些碳阴极的氧气还原性能依然不足。在未消毒的环境中,电极表面的微生物对碳电极的氧气还原性能影响很大,很难区分氧气还原是纯电极材料的作用,还是潜在微生物的促进作用[1]。

借鉴聚合物电解质燃料电池,Pt(铂)被广泛用作 BES 的阴极催化剂。因 Pt 价格高昂,部分地降低阴极的负载量能够在某种程度上降低成本。Pt 作为阴极催化剂起关键作用的是参与催化反应的 Pt 的实际量[1]。对微生物底物和代谢产物的氧化也存在于这些反应中,这些物质是由阳极室通过膜到达阴极室的。Harnisch 等[57]的研究表明,由于氧化和还原反应同时存在,Pt 更倾向于产生混合电势。除此之外,Pt 易于产生催化剂中毒(如由废水中硫离子产生的中毒),从而影响了它的稳定性。

由于贵金属的成本较高,研发不含贵金属、成本低的 BES 阴极材料就引起了人们的广泛兴趣。Zhao[58]和 Cheng 等[59]开发了基于铁酞菁(FePc)和 CoTMPP 的第一类非贵金属催化剂作为电极材料。这种电极被认为是生物仿生材料的一个实例[1],但目前制备用于氧气还原的 FePc 电极的方法还需要继续改进。FePc 电极用于氧气还原的动力学性能比铂电极性能低(见表 1.1),然而在化学燃料电池中两种材料的性能差异在微生物燃料电池中并没有那么明显。FePc 相对低的成本显然是其优势所在,同时其也能很好地提高微生物燃料电池的性能。Harnish 等[57]研究发现,FePc 对于氧气还原反应具有高的选择性,因而对于损失的内部电流不敏感;然而,部分氧气的不完全反应导致了副反应产物 H_2O_2 的形成,降低了该催化剂的选择性。FePc 长时间的稳定性仍然受到所生成的 H_2O_2 的影响,导致了催化剂缓慢且持续地失效。

含量丰富的铁元素似乎是参与电化学和生物化学氧还原反应的主要元素,其他铁基材料,如 Fe(Ⅱ)EDTA,人们已经开始研究这类材料对生物电化学系统的适用性。此外,由于对 H_2O_2 的催化活性而被人们熟知的锰氧化物,一般使用 MnO_x 作为 BES 的阴极材料来还原 O_2 和 H_2O_2。

1.3.1.2 化学催化污染物脱毒

BES 可以实现污染物的降解与能源的回收。但在一些情况下,一些污染物,例如硝酸盐类氧化性物质,无法在 BES 的阳极得到有效去除,则可以利用 BES 阴极的还原性氛围,实现还原脱毒[64]。目前已实现在 BES 的阴极还原脱毒的污染物见表 1.2。考虑到阳极发生生物化学反应的标准电势和阴极污染物在还原过程中的过电势,因此在还原反应中还需要加上一个额外电压,有的则可以以 MFC 的方式进行。对于污染物脱毒的化学过程,通过对 1.1.2 节的分析可以看出,如果要降低污染物还原的过电势,则需要增大电极面积,或者提高电极的催化效果。Mu 等[65]利用比表面比较大的石墨颗粒,在没有其他催化剂的作用下,实现了硝基苯、偶氮染料的电化学还原过程。Liu 等[66]则在碳纸电极上修饰了一种酚嗪类电子媒介,发现该媒介可以使 BES 还原偶氮染料的速率大大提高。

表 1.2   BES 系统中污染物还原脱毒研究

污染物	电极	生物/化学还原	参考文献
酸性橙 7	石墨	化学	[65]
硝基苯	石墨	化学	[67]
磺 X-ray 对比媒介磺普罗胺	石墨	化学	[68]
甲基橙	硫氯酸改性碳	化学	[66]
硝酸盐	石墨	生物,*Geobacter metallireducens*	[69]
硝酸盐	粒状石墨	生物,混合培养	[70]
高氯酸盐	粒状石墨	生物,混合培养	[71]
六价铬	石磨盘	生物,混合培养	[72]
三氯乙烯	甲基紫修饰玻碳电极	生物,混合厌氧脱氯培养	[73]
三氯乙烯	碳纸	生物,混合厌氧脱氯培养	[74]
邻氯苯酚	石墨	生物,*Anaeromyxobacter dehalogenans*	[75]
四氯乙烯	石墨	生物,*Geobacter lovleyi*	[76]

1.3.1.3   化学催化合成高附加值产品

随着在利用 BES 产出的电流合成高附加值化学品方面研究的进展,该系统向实际应用发展迈出了重要的一步。在该部分提到的阴极反应多数为微生物电解池中的析氢反应:

$$2H^+ + 2e^- \longrightarrow H_2 , \quad E^{\ominus'}_{2H^+/H_2} = -0.420 \text{ V} \tag{1.10}$$

正常情况下,微生物阳极产生的氧化还原电位不足以驱动阴极产生氢气,因此利用一定的额外电压（最低 0.13 V，实际为 0.2～0.6 V）可以还原氢气的电势，并能高效地产生氢气。该电压与传统电解水所需施加的电压相比是很低的，后者通常高于 1.6 V。

Liu 等[77]在 2005 年开发了第一个用于产氢的 BES 系统，该系统将 Pt 作为阴极析氢催化剂。Pt 不仅是很好的阳极催化剂，而且是标准的阴极析氢反应的催化剂。与之前讨论的氧还原反应相似，高性能的催化剂 Pt 也具有一定的缺点，比如价格昂贵以及较低的反应特异性。因此目前的研究主要集中在低成本催化剂的研发方面，并期待能够替代 Pt。这种替代 Pt 的催化剂包括镍合金、不锈钢等。我们前期的研究发现，阴极析氢反应中采用电化学沉积的钯催化剂，可以在负载量非常小的情况下，达到与商业 Pt/C 催化剂几乎相同的效果。

H_2O_2 是氧气还原过程中的中间产物（详见 1.3.1.1 的内容），Rozendal 等[78]利用该特点首次在 BES 的阴极还原制备了 H_2O_2。

1.3.2

生物电化学系统阴极的生物催化

1.3.2.1　微生物催化还原氧气

BES 的阳极可以作为微生物电子受体，与此类似，当一个具有高的氧化电势的最终电子受体如氧气存在且没有其他电子供体胜过电极时，阴极可以作为微生物的电子供体。Bergel 等[79]首次证明了在海洋环境中，不锈钢电极是细菌的繁殖地，这些细菌能催化氧还原反应的发生。从 2005 年开始，研究者利用微生物催化氧还原来运行微生物电化学系统。虽然到目前为止，电子传递机理尚不明确，但研究者普遍认为锰氧化细菌和 Mn(Ⅱ)/Mn(Ⅳ)循环，特别是在海洋环境中，可能发挥着重要的作用。

催化剂成本低和寿命长是微生物氧还原阴极的优势所在。微生物催化剂是廉价甚至免费的，且在适当条件下微生物的自我再生能力使得催化剂的寿命几乎是无限的。但是，如表 1.1 所示，迄今为止微生物氧还原阴极的开路电势和电流密度都比较低[1]。近来的研究表明，不同种微生物、电极材料和电极电势之间的协同效应对微生物的阴极性能影响较大。我们的前期研究结果表明，采用 CNTs 修饰的碳纸电极，可以加速自养 BES 系统生物阴极的启动，提高氧气还原效果,但是其中的机制目前尚不清楚。生物阴极中大多采用混合污泥接种,最近研究发现一些纯种异养微生物,譬如 *Pseudomonas aeruginos*,*Shewanella putrefaciens*,也可以催化还原氧气,可用作阴极催化剂。

1.3.2.2 微生物催化污染物脱毒

相对于 BES 阴极污染物脱毒的化学过程,生物过程则更为经济可靠。例如,硝酸盐是废水中一种普通的污染物,如果在 BES 阴极使用化学过程,则该还原反应较难发生,即使使用贵金属催化,也较难将硝酸盐还原为氮气[1]。Gregory 等[69]首先发现,在 *Geobacter metallireducens* 存在时,以电极作为电子供体可以将硝酸根还原为亚硝酸根。随后,在 2007 年,Clauwaert 等[70]发现在阴极缺氧微生物的作用下,可以实现完全的反硝化。他们发现微生物在阴极的反应依赖于阴极的电极电势。在低电流、高阴极电势的条件下,反应的主要产物是氮气;而在高电流、低阴极电势条件下,反应的主要产物是亚硝酸盐。随后,一些其他污染物也被尝试在 BES 阴极实现生物还原[80],见表 1.2。Aulenta 等[73]发现,在一根利用甲基紫修饰的玻碳电极上,预先富集的脱氯微生物可以将三氯乙烯脱氯还原。而后来 Aulenta 等[74]又研究发现在将三氯乙烯还原为乙烯的过程中无需外源电子媒介的参与。美国马萨诸塞大学 Lovley 课题组研究发现,纯种微生物 *Anaeromyxobacter dehalogenans* 和 *Geobacter lovleyi* 均可以直接以电极作为电子供体,实现含氯化物的还原脱毒[75]。

1.3.2.3 微生物催化合成高附加值产品

在 BES 阴极利用阳极导出的电子,在微生物催化作用下合成高附加值产品,被称为微生物电合成[81]。氢气是一种清洁的燃料,但鲜有细菌催化阴极析氢反应的报道。Rozendal 等[82]则报道了这一现象,他们发现在 0.7 V 的电极电位和 pH 为 7 的电解质溶液中,电流密度为 120 μA·cm^{-2}。这一性能与报道的细菌氧还原阴极电流密度一致。然而,细菌析氢阴极的电流比化学阴极的电流低几个数量级。

微生物阴极面临的一个巨大挑战是产生氢气的纯度问题,特别是甲烷的产生是一个长期存在且很难消除的问题[1]。如果利用二氧化碳作为生物电合成的原料,只要选择好微生物催化剂,那么在产氢过程中产生的甲烷是否可以成为主产物呢? 研究者提出了在阴极直接利用电能合成甲烷的新工艺。Cheng 等[83]

研究发现,在 −0.7 V 的电势下,一个 BES 系统中的二氧化碳可以被转化为甲烷;在 −1 V 电势下,电流的库仑效率高达 96%。通过群落分析发现,其中占主导的是古菌 *Methanobacterium palustre*。由于在 BES 系统中阳极底物氧化产生的电势不足以将二氧化碳还原,Cao 等[84]则通过富集光合微生物的方式,在不控制阴极电势的条件下将二氧化碳还原成为有机物;而 Wang 等[85]在 BES 阴极利用小球藻即达到二氧化碳转化的目的。

乙醇是一种重要的液体燃料,Steinbusch 等[86]在有电子媒介甲基紫精存在的条件下,在阴极实现了乙酸向乙醇的转化,但该过程中的加氢机理尚不清楚。催化合成高附加值产品的微生物通常是混合菌群。Nevin 等通过尝试不同的纯种细菌,发现多种产乙酸细菌均可以用作 BES 阴极的生物催化剂[87]。而最近的研究表明,人们所熟知的 *Shewanella putrefaciens* 在恒定的低电势条件下,也可以从电极上获得电子,这为生物催化生产高附加值产品提供了新的思路[88]。

参考文献

[1] HARNISCH F, SCHRÖDER U. From MFC to MXC: chemical and biological cathodes and their potential for microbial bioelectrochemical systems [J]. Chemical Society Reviews, 2010, 39(11):4433-4448.

[2] WU B G, FENG C H, HUANG L Q, et al. Anode-biofilm electron transfer behavior and wastewater treatment under different operational modes of bioelectrochemical system[J]. Bioresource Technology, 2014, 157:305-309.

[3] WANG Z X, HE Z. Demystifying terms for understanding bioelectrochemical systems towards sustainable wastewater treatment[J]. Current Opinion in Electrochemistry, 2020, 19:14-19.

[4] LOGAN B E, HAMELERS B, ROZENDAL R A, et al. Microbial fuel cells: methodology and technology[J]. Environmental Science & Technology, 2006, 40(17):5181-5192.

[5] CHAE K J, CHOI M J, KIM K Y, et al. A solar-powered microbial electrolysis cell with a platinum catalyst-free cathode to produce hydrogen [J]. Environmental Science & Technology, 2009, 43(24):9525-9530.

[6] WU W L. Electrochemical corrosion prevention in oilfield wastewater for effective dissolved oxygen removal using a novel upflow bioelectrochemical

system[J]. Journal of Chemistry，2019，2019(6)：1-9.

[7]　XU L，YU W Z，GRAHAM N，et al. Application of integrated bioelectrochemical-wetland systems for future sustainable wastewater treatment[J]. Environmental Science & Technology，2019，53（4）：1741-1743.

[8]　XIAO L，YOUNG E B，GROTHJAN J J，et al. Wastewater treatment and microbial communities in an integrated photo-bioelectrochemical system affected by different wastewater algal inocula[J]. Algal Research-Biomass Biofuels and Bioproducts，2015，12：446-454.

[9]　RABAEY K，ROZENDAL R A. Microbial electrosynthesis - revisiting the electrical route for microbial production[J]. Nature Reviews Microbiology，2010，8(10)：706-716.

[10]　ZHAO F，SLADE R C T，VARCOE J R. Techniques for the study and development of microbial fuel cells：an electrochemical perspective[J]. Chemical Society Reviews，2009，38(7)：1926-1939.

[11]　WANG B W，WANG Z F，JIANG Y，et al. Enhanced power generation and wastewater treatment in sustainable biochar electrodes based bioelectrochemical system[J]. Bioresource Technology，2017，241：841-848.

[12]　SARMIN S，ETHIRAJ B，ISLAM M A，et al. Bio-electrochemical power generation in petrochemical wastewater fed microbial fuel cell[J]. Science of the Total Environment，2019，695(12)：133820.1-133820.11.

[13]　YAO S，HE Y L，SONG B Y，et al. A two-dimensional，two-phase mass transport model for microbial fuel cells[J]. Electrochimica Acta，2016，212：201-211.

[14]　LIU X W，SUN X F，HUANG Y X，et al. Carbon nanotube/chitosan nanocomposite as a biocompatible biocathode material to enhance the electricity generation of a microbial fuel cell[J]. Energy & Environmental Science，2011，4(4)：1422-1427.

[15]　SANTORO C，ARBIZZANI C，ERABLE B，et al. Microbial fuel cells：from fundamentals to applications：a review[J]. Journal of Power Sources，2017，356：225-244.

[16]　WANG H M，REN Z J. Bioelectrochemical metal recovery from wastewater：a review[J]. Water Research，2014，66：219-232.

[17]　SCHRÖDER U，NIESSEN J，SCHOLZ F. A generation of microbial fuel

cells with current outputs boosted by more than one order of magnitude[J]. Angewandte Chemie-International Edition，2003，42(25):2880-2883.

[18] ROSENBAUM M，ZHAO F，SCHRÖDER U，et al. Interfacing electrocatalysis and biocatalysis with tungsten carbide：a high-performance，noble-metal-free microbial fuel cell[J]. Angewandte Chemie-International Edition，2006，45(40)：6658-6661.

[19] SAWANT S Y，HAN T H，CHO M H. Metal-free carbon-based materials：promising electrocatalysts for oxygen reduction reaction in microbial fuel cells[J]. International Journal of Molecular Sciences，2017，18(1). DOI：https://doi.org/10.3390/ijms18010025.

[20] STUART-DAHL S，MARTINEZ-GUERRA E，KOKABIAN B，et al. Resource recovery from low strength wastewater in a bioelectrochemical desalination process[J]. Engineering in Life Sciences，2020，20(3/4)：54-66.

[21] TORELLA J P，GAGLIARDI C J，CHEN J S，et al. Efficient solar-to-fuels production from a hybrid microbial-water-splitting catalyst system[J]. Proceedings of the National Academy of Sciences of the United States of America，2015，112(8):2337-2342.

[22] TORRES C I，MARCUS A K，LEE H S，et al. A kinetic perspective on extracellular electron transfer by anode-respiring bacteria[J]. FEMS Microbiology Reviews，2010，34(1):3-17.

[23] SRIVASTAVA P，ABBASSI R，YADAV A K，et al. A review on the contribution of electron flow in electroactive wetlands：electricity generation and enhanced wastewater treatment[J]. Chemosphere，2020，254. DOI：10.1016/j.chemos-phere.2020.126926.

[24] RICHTER H，NEVIN K P，JIA H，et al. Cyclic voltammetry of biofilms of wild type and mutant *Geobacter sulfurreducens* on fuel cell anodes indicates possible roles of OmcB，OmcZ，type IV pili，and protons in extracellular electron transfer[J]. Energy & Environmental Science，2009，2(5)：506-516.

[25] COURSOLLE D，BARON D B，BOND D R，et al. The mtr respiratory pathway is essential for reducing flavins and electrodes in *Shewanella oneidensis*[J]. Journal of Bacteriology，2010，192(2):467-474.

[26] FREDRICKSON J K，ROMINE M F，BELIAEV A S，et al. Towards

environmental systems biology of *Shewanella*[J]. Nature Reviews Microbiology，2008，6(8)：592-603.

[27] REGUERA G，MCCARTHY K D，MEHTA T，et al. Extracellular electron transfer via microbial nanowires[J]. Nature，2005，435(7045)：1098-1101.

[28] GORBY Y A，YANINA S，MCLEAN J S，et al. Electrically conductive bacterial nanowires produced by *Shewanella oneidensis* strain MR-1 and other microorganisms（vol 103，pg 11358，2006）[J]. Proceedings of the National Academy of Sciences of the United States of America，2006，106(23)：11358-11363.

[29] EL-NAGGAR M Y，WANGER G，LEUNG K M，et al. Electrical transport along bacterial nanowires from *Shewanella oneidensis* MR-1[J]. Proceedings of the National Academy of Sciences，2010，107(42)：18127-18131.

[30] WAN Y X，HUANG Z L，ZHOU L，et al. Bioelectrochemical ammoniation coupled with microbial electrolysis for nitrogen recovery from nitrate in wastewater[J]. Environmental Science & Technology，2020，54（5）：3002-3011.

[31] RABAEY K，BOON N，HÖFTE M，et al. Microbial phenazine production enhances electron transfer in biofuel cells[J]. Environmental Science & Technology，2005，39(9)：3401-3408.

[32] HERNANDEZ M E，KAPPLER A，NEWMAN D K. Phenazines and other redox-active antibiotics promote microbial mineral reduction[J]. Applied and Environmental Microbiology，2004，70(2)：921-928.

[33] BARON D，LABELLE E，COURSOLLE D，et al. Electrochemical measurement of electron transfer kinetics by *Shewanella oneidensis* MR-1[J]. Journal of Biological Chemistry，2009，284(42)：28865-28873.

[34] ROUSSEAU R，ETCHEVERRY L，ROUBAUD E，et al. Microbial electrolysis cell（MEC）：strengths，weaknesses and research needs from electrochemical engineering standpoint[J]. Applied Energy，2020，257：113938.1-113938.18.

[35] ZHAO F，RAHUNEN N，VARCOE J R，et al. Activated carbon cloth as anode for sulfate removal in a microbial fuel cell[J]. Environmental Science & Technology，2008，42(13)：4971-4976.

[36] HE Z，WAGNER N，MINTEER S D，et al. An upflow microbial fuel cell with an interior cathode：assessment of the internal resistance by impedance

spectroscopy[J]. Environmental Science & Technology, 2006, 40 (17): 5212-5217.

[37] CHAUDHURI S K, LOVLEY D R. Electricity generation by direct oxidation of glucose in mediatorless microbial fuel cells[J]. Nature Biotechnology, 2003, 21(10):1229-1232.

[38] YEE M O, DEUTZMANN J, SPORMANN A, et al. Cultivating electroactive microbes: from field to bench[J]. Nanotechnology, 2020, 31(17). DOI: 10.1088/1361-6528/ab6ab5.

[39] CHENG S, LOGAN B E. Ammonia treatment of carbon cloth anodes to enhance power generation of microbial fuel cells[J]. Electrochemistry Communications, 2007, 9(3):492-496.

[40] LOWY D A, TENDER L M. Harvesting energy from the marine sediment-water interface Ⅲ: Kinetic activity of quinone and antimony-based anode materials[J]. Journal of Power Sources, 2008, 185(1):70-75.

[41] QIAO Y, LI C M, BAO S J, et al. Carbon nanotube/polyaniline composite as anode material for microbial fuel cells[J]. Journal of Power Sources, 2007, 170(1):79-84.

[42] QIAO Y, BAO S J, LI C M, et al. Nanostructured polyaniline/titanium dioxide composite anode for microbial fuel cells[J]. ACS Nano, 2008, 2(1): 113-119.

[43] HUANG Y X, LIU X W, XIE J F, et al. Graphene oxide nanoribbons greatly enhance extracellular electron transfer in bio-electrochemical systems [J]. Chemical Communications, 2011,47(20):5795-5797.

[44] YANG W, RATINAC K R, RINGER S P, et al. Carbon nanomaterials in biosensors: should you use nanotubes or graphene? [J]. Angewandte Chemie International Edition, 2010, 49(12):2114-2138.

[45] XIE X, HU L, PASTA M, et al. Three-dimensional carbon nanotube: textile anode for high-performance microbial fuel cells[J]. Nano Letters, 2010, 11(1):291-296.

[46] PHAM H T, BOON N, AELTERMAN P, et al. High shear enrichment improves the performance of the anodophilic microbial consortium in a microbial fuel cell[J]. Microbial Biotechnology, 2008, 1(6):487-496.

[47] NEVIN K P, RICHTER H, COVALLA S F, et al. Power output and columbic efficiencies from biofilms of *Geobacter sulfurreducens* comparable

to mixed community microbial fuel cells[J]. Environmental Microbiology，2008，10(10)：2505-2514.

[48] HE Z，KAN J，MANSFELD F，et al. Self-Sustained phototrophic microbial fuel cells based on the synergistic cooperation between photosynthetic microorganisms and heterotrophic bacteria[J]. Environmental Science & Technology，2009，43(5)：1648-1654.

[49] JENSEN H M，ALBERS A E，MALLEY K R，et al. Engineering of a synthetic electron conduit in living cells[J]. Proceedings of the National Academy of Sciences of the United States of America，2010，107(45)：19213-19218.

[50] BUSALMEN J P，ESTEVE-NUÑEZ A，FELIU J M. Whole cell electrochemistry of electricity-producing microorganisms evidence an adaptation for optimal exocellular electron transport[J]. Environmental Science & Technology，2008，42(7)：2445-2450.

[51] FINKELSTEIN D A，TENDER L M，ZEIKUS J G. Effect of electrode potential on electrode-reducing microbiota[J]. Environmental Science & Technology，2006，40(22)：6990-6995.

[52] DUMAS C，BASSEGUY R，BERGEL A. Electrochemical activity of *Geobacter sulfurreducens* biofilms on stainless steel anodes[J]. Electrochimica Acta，2008，53(16)：5235-5241.

[53] TORRES C S I，KRAJMALNIK-BROWN R，PARAMESWARAN P，et al. Selecting anode-respiring bacteria based on anode potential：phylogenetic，electrochemical，and microscopic characterization [J]. Environmental Science & Technology，2009，43(24)：9519-9524.

[54] PENG L，YOU S J，WANG J Y. Electrode potential regulates cytochrome accumulation on *Shewanella oneidensis* cell surface and the consequence to bioelectrocatalytic current generation[J]. Biosensors and Bioelectronics，2010，25(11)：2530-2533.

[55] FREGUIA S，RABAEY K，YUAN Z，et al. Non-catalyzed cathodic oxygen reduction at graphite granules in microbial fuel cells[J]. Electrochimica Acta，2007，53(2)：598-603.

[56] ERABLE B，DUTEANU N，KUMAR S M S，et al. Nitric acid activation of graphite granules to increase the performance of the non-catalyzed oxygen reduction reaction（ORR）for MFC applications [J]. Electrochemistry

Communications，2009，11(7)：1547-1549.

[57] HARNISCH F，WIRTH S，SCHRÖDER U. Effects of substrate and metabolite crossover on the cathodic oxygen reduction reaction in microbial fuel cells：Platinum vs. iron(Ⅱ) phthalocyanine based electrodes[J]. Electrochemistry Communications，2009，11(11)：2253-2256.

[58] ZHAO F，HARNISCH F，SCHRÖDER U，et al. Application of pyrolysed iron(Ⅱ) phthalocyanine and CoTMPP based oxygen reduction catalysts as cathode materials in microbial fuel cells[J]. Electrochemistry Communications，2005，7(12)：1405-1410.

[59] CHENG S，LIU H，LOGAN B E. Power densities using different cathode catalysts (Pt and CoTMPP) and polymer binders (Nafion and PTFE) in single chamber microbial fuel cells[J]. Environmental Science & Technology，2006，40(1)：364-369.

[60] ROCHE I，SCOTT K. Carbon-supported manganese oxide nanoparticles as electrocatalysts for oxygen reduction reaction (ORR) in neutral solution[J]. Journal of Applied Electrochemistry，2009，39(2)：197-204.

[61] LIU X W，SUN X F，HUANG Y X，et al. Nano-structured manganese oxide as a cathodic catalyst for enhanced oxygen reduction in a microbial fuel cell fed with a synthetic wastewater[J]. Water Research，2010，44(18)：5298-5305.

[62] RABAEY K，READ S T，CLAUWAERT P，et al. Cathodic oxygen reduction catalyzed by bacteria in microbial fuel cells[J]. Isme Journal，2008，2(5)：519-527.

[63] RHOADS A，BEYENAL H，LEWANDOWSKI Z. Microbial fuel cell using anaerobic respiration as an anodic reaction and biomineralized manganese as a cathodic reactant[J]. Environmental Science & Technology，2005，39(12)：4666-4671.

[64] GRIFFIN J，TAW E，GOSAVI A，et al. Hybrid approach for selective sulfoxidation via bioelectrochemically derived hydrogen peroxide over a Niobium(Ⅴ)-Silica Catalyst[J]. ACS Sustainable Chemistry & Engineering，2018，6(6)：7880-7889.

[65] MU Y，RABAEY K，ROZENDAL R A，et al. Decolorization of Azo dyes in bioelectrochemical systems[J]. Environmental Science & Technology，2009，43(13)：5137-5143.

[66] LIU R H，SHENG G P，SUN M，et al. Enhanced reductive degradation of methyl orange in a microbial fuel cell through cathode modification with redox mediators[J]. Applied Microbiology and Biotechnology，2011，89(1)：201-208.

[67] MU Y，ROZENDAL R A，RABAEY K，et al. Nitrobenzene removal in bioelectrochemical systems[J]. Environmental Science & Technology，2009，43(22)：8690-8695.

[68] MU Y，RADJENOVIC J，SHEN J，et al. Dehalogenation of iodinated X-ray contrast media in a bioelectrochemical system[J]. Environmental Science & Technology，2010，45(2)：782-788.

[69] GREGORY K B，BOND D R，LOVLEY D R. Graphite electrodes as electron donors for anaerobic respiration[J]. Environmental Microbiology，2004，6(6)：596-604.

[70] CLAUWAERT P，RABAEY K，AELTERMAN P，et al. Biological denitrification in microbial fuel cells[J]. Environmental Science & Technology，2007，41(9)：3354-3360.

[71] BUTLER C S，CLAUWAERT P，GREEN S J，et al. Bioelectrochemical perchlorate reduction in a microbial fuel cell[J]. Environmental Science & Technology，2010，44(12)：4685-4691.

[72] TANDUKAR M，HUBER S J，ONODERA T，et al. Biological chromium (Ⅵ) reduction in the cathode of a microbial fuel cell[J]. Environmental Science & Technology，2009，43(21)：8159-8165.

[73] AULENTA F，CATERVI A，MAJONE M，et al. Electron transfer from a solid-state electrode assisted by methyl viologen sustains efficient microbial reductive dechlorination of TCE[J]. Environmental Science & Technology，2007，41(7)：2554-2559.

[74] AULENTA F，CANOSA A，REALE P，et al. Microbial reductive dechlorination of trichloroethene to ethene with electrodes serving as electron donors without the external addition of redox mediators[J]. Biotechnology and Bioengineering，2009，103(1)：85-91.

[75] STRYCHARZ S M，GANNON S M，BOLES A R，et al. Reductive dechlorination of 2-chlorophenol by Anaeromyxobacter dehalogenans with an electrode serving as the electron donor[J]. Environmental Microbiology Reports，2010，2(2)：289-294.

[76] STRYCHARZ S M, WOODARD T L, JOHNSON J P, et al. Graphite electrode as a sole electron donor for reductive dechlorination of tetrachlorethene by *Geobacter lovleyi* [J]. Applied and Environmental Microbiology, 2008, 74(19):5943-5947.

[77] LIU H, GROT S, LOGAN B E. Electrochemically assisted microbial production of hydrogen from acetate[J]. Environmental Science & Technology, 2005, 39(11):4317-4320.

[78] ROZENDAL R A, LEONE E, KELLER J, et al. Efficient hydrogen peroxide generation from organic matter in a bioelectrochemical system[J]. Electrochemistry Communications, 2009, 11(9):1752-1755.

[79] BERGEL A, FÉRON D, MOLLICA A. Catalysis of oxygen reduction in PEM fuel cell by seawater biofilm[J]. Electrochemistry Communications, 2005, 7(9):900-904.

[80] YANG Z M, YANG A D. Modelling the impact of operating mode and electron transfer mechanism in microbial fuel cells with two-species anodic biofilm[J]. Biochemical Engineering Journal, 2020:158.

[81] NEVIN K P, WOODARD T L, FRANKS A E, et al. Microbial electrosynthesis: feeding microbes electricity to convert carbon dioxide and water to multicarbon extracellular organic compounds[J]. mBio, 2010, 1(2). DOI:10.1128/mBio.00103-10.

[82] ROZENDAL R A, JEREMIASSE A W, HAMELERS H V M, et al. Hydrogen production with a microbial biocathode [J]. Environmental Science & Technology, 2007, 42(2):629-634.

[83] CHENG S, XING D, CALL D F, et al. Direct biological conversion of electrical current into methane by electromethanogenesis[J]. Environmental Science & Technology, 2009, 43(10):3953-3958.

[84] CAO X, HUANG X, LIANG P, et al. A completely anoxic microbial fuel cell using a photo-biocathode for cathodic carbon dioxide reduction[J]. Energy & Environmental Science, 2009, 2(5):498-501.

[85] WANG X, FENG Y, LIU J, et al. Sequestration of CO_2 discharged from anode by algal cathode in microbial carbon capture cells (MCCs)[J]. Biosensors and Bioelectronics, 2010, 25(12):2639-2643.

[86] STEINBUSCH K J J, HAMELERS H V M, SCHAAP J D, et al. Bioelectrochemical ethanol production through mediated acetate reduction

by mixed cultures[J]. Environmental Science & Technology，2009，44（1）：513-517.

[87] NEVIN K P，HENSLEY S A，FRANKS A E，et al. Electrosynthesis of organic compounds from carbon dioxide is catalyzed by a diversity of acetogenic microorganisms[J]. Applied and Environmental Microbiology，2011，77（9）：2882-2886.

[88] ROSS D E，FLYNN J M，BARON D B，et al. Towards electrosynthesis in *Shewanella*：energetics of reversing the Mtr pathway for reductive metabolism[J]. PLoS One，2011，6（2）：e16649.

污染控制理论与应用前沿丛书
生物电化学系统的催化与污染转化过程

第 —— **2** —— 章

微生物电子传递过程调控

微生物电子传递不仅是自身生长和生理活动的能量来源,还在地球元素循环、环境修复和能源回收领域扮演着重要的角色。正因为如此,近年来涌现出了大量关于微生物电子传递机制和调控手段的研究[1]。MFC 的兴起更是将微生物电子传递的研究提升到一个新的阶段。但是,微生物电子传递目前尚有许多未知之处,如外界氧化还原环境对胞内电子传递路径或微生物自身电子媒介分泌的影响,解偶联剂存在时微生物电子传递的情况等。因此,需要对电子传递进行更为广泛深入的研究。

MFC 的前期研究主要集中在产电性能的提升和电子传递机制的初步探索上。如为了提高电能输出,降低内阻,甚至使用钛丝构建整个外接电路[2]。但是,电子传递若想广泛应用于废水处理,除了技术因素之外,还需考虑经济成本。因此,目前的一个发展趋势就是尝试用廉价的材料替代原来 MFC 中成本较高的部件,如质子交换膜和贵金属掺杂的氧还原催化剂。除了材料和部件替换之外,新型反应器构型的开发以及不同类型反应器的组合也是将电子传递应用到实际废水处理的一个重要方向。

2.1

微生物电子传递及调控手段

2.1.1

微生物胞外电子传递及调控手段

2.1.1.1 MFC 中电子传递途径和机制

MFC 是以微生物为催化剂将储存在底物中的化学能转换为电能的生物反应器。MFC 能轻松从废物/水中回收能量主要依赖那些作为催化剂的具有电化学活性的微生物。电化学活性微生物的胞外电子传递是 MFC 实现其功能的基础。微生物的新陈代谢通过胞外电子传递和电极联系起来。为了更好地促进MFC 从废水中回收能量,科研工作者对 MFC 中电子传递的机制进行了大量的研究。目前微生物胞外电子传递机制主要分为两大类[3]:

1. 直接电子传递

直接电子传递(direct electron transfer)主要是由细胞外膜或者胞外细胞附属结构与具有电化学活性的电极直接物理接触来实现的。细胞膜上与胞外电子传递相关的局部位点包括具有氧化还原活性的蛋白和细菌纳米导线等。

细胞色素 c 是研究得比较多的一种氧化还原性蛋白,它定位于细胞外膜上并可以作为直接的电子穿梭通道将微生物胞内的电子传递到固相的电子受体。研究表明细胞色素 c 可以加速胞外的电子传递[4]。希瓦氏菌 *Shewanella oneidensis* MR-1 和硫还原地杆菌 *Geobacter sulfurreducens* 是研究胞外电子传递的模式菌株,这两株菌的基因组测序也已经完成。*Shewanella oneidensis* 被鉴定出 42 种细胞色素 c 的编码基因,而 *Geobacter sulfurreducens* 可能存在 100种以上的细胞色素 c,这些终端电子受体对这两株模式菌的呼吸作用具有重要的意义[5]。

尽管细胞色素 c 在电子传递中扮演着至关重要的角色,但是这个蛋白家族在这两株模式菌株中的具体电子传递途径依然不是很清楚。此外,细胞色素 c的电子传递途径也不是唯一的,*Shewanella oneidensis* MR-1 和 *Geobacter sulfurreducens* 以及其他微生物还能够产生纳米导线,从而帮助微生物将电子传递到固相电子受体[6]。

细菌纳米导线是 Reguera 等第一次报道的(图 2.1)。纳米导线是借助导电原子力显微镜观测到的,粗细约数十个纳米,长约数十个微米。尽管许多研究者认为纳米导线这种微生物胞外附属结构的电子传递能力是有限的,其组成和功能也有待进一步深入研究,但是纳米导线的发现使得我们对微生物胞外电子传递机制有了更深的理解。纳米导线或许在胞间或种间的电子传递中起到了桥梁作用[7]。

2. 间接电子传递

间接电子传递(indirect electron transfer)指的是通过氧化还原穿梭体来完成电子的传递,当然这些穿梭体是无需附着于细胞的,可以通过外部投加或者微生物自身分泌而进入环境中。微生物作为催化剂时,无论其是处于溶液中或吸附在电极上,其电化学活性中心和电极之间均会有很大的过电势,从而大大降低电子传递的效率,而实现间接电子传递的电子穿梭体可以很好地降低这种过电势[8]。

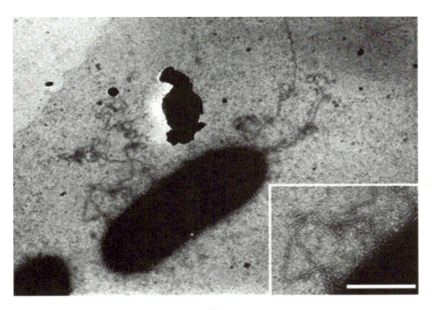

图 2.1 硫还原地杆菌及其纳米导线[6]

外部投加的电子穿梭体也称人造媒介。人造媒介比较容易得到,通过理论计算,可以挑选具有合适氧化还原电位的电子媒介。MFC 阳极室中经常使用的人造媒介有蒽醌、AQDS(2,6-二磺酸盐)、中性红等[4]。除了 MFC 阳极室之外,MFC 的阴极室中也有人造媒介成功应用的案例。例如,人造媒介甲基紫晶能有效地促进 MFC 阴极电子向微生物传递,使得阴极微生物可以有效地利用含氯化合物进行呼吸[9]。非特异性是人造媒介最大的优势,但是人造媒介的大规模推广应用还需要考虑随之带来的成本和环境扩散问题,故目前人造媒介的使用主要还局限在实验室。实际上许多氧化还原穿梭体在自然界中本来就大量存在,如腐植酸。腐植酸含有醌的结构,可以协助微生物将电子传递至最终电子受体[10]。

微生物自身分泌到环境中的氧化还原穿梭体称作内源性氧化还原介体。除了和细胞膜直接相连的附属结构和活性蛋白外,许多产电微生物还可以利用内源性氧化还原介体来还原电极,这些介体可以穿过细胞膜并携带电子在细胞和电极之间传递[11]。MFC 的研究促进了内源性氧化还原介体的发现,目前发现的此类介体有吩嗪类物质、醌类物质、黄素、细胞色素和溶解酶等。吩嗪类物质主要是由 γ 变形菌产生的,黄素则主要在 *Shewanella oneidensis* 电子传递中起重要作用。有学者认为细胞色素和溶解酶在硫还原地杆菌还原金属的过程中起到了电子媒介的作用。有趣的是,内源性氧化还原介体同样具有非特异性,甚至可以使不能产生介体的菌种进行胞外电子传递[12]。

2.1.1.2　MFC 中电子传递的限制因素

电子传递是 MFC 实现功能的基础,图 2.2 显示的是 MFC 的基本构造和电子传递路径[13]。MFC 中的电子传递始于阳极微生物从底物中获得电子,因此底物的种类和浓度一定会对电子传递造成一定的影响。适当地提高底物浓度对电子的传递是有利的。MFC 中的电子传递是在厌氧或者缺氧的条件下进行的,这种环境下的微生物可以适应比较高的有机负荷,因此底物抑制的情况一般不会出现。混合微生物相对于纯种微生物来说可以利用的底物种类较多,纯种微生物可以利用的底物种类往往有限。以 *Shewanella oneidensis* MR-1 为例,该菌株是无法利用葡萄糖这一广泛存在的底物来产电的。为了突破这一局限,科研工作者构建了可利用葡萄糖的 *Shewanella oneidensis* MR-1 突变株[14]。

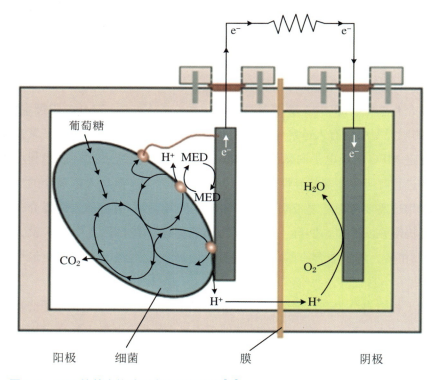

图 2.2　MFC 的基本构造和电子传递路径[13]

当微生物将电子输出后,后续过程就是微生物和阳极之间的电子传递了,但是由于涉及微生物和电极两种性质截然不同的介质,限制因素包括多个方面。一方面,微生物自身向胞外传递电子的能力本身就有很大的差异,人造媒介的投加在很多情况下正是为了弥补部分微生物在胞外电子传递能力方面的先天劣势

污染控制理论与应用前沿丛书
生物电化学系统的催化与污染转化过程

或进一步增强其胞外电子传递能力。微生物胞外电子向阳极的传递会受到相对慢速的电极动力学的限制。另一方面,欧姆损失也是电子传递的一个重要限制。欧姆损失是由电子在电极材料,离子在电解液或阴、阳极之间的隔膜材料中迁移造成的。在实验室的 MFC 中,电解液的电阻占了欧姆损失的很大一部分。为了降低这部分欧姆损失,电极室中往往额外加入高浓度的缓冲盐,但同时也削弱了 MFC 在处理废水时经济方面的优势,况且在实际废水处理中也不允许加入这么高浓度的缓冲盐。MFC 的扩大化是将来 MFC 实际应用的一个重要方向,届时原本在欧姆损失中占据份额较小的电极材料自身的电阻和电极以及外电路之间的接触电阻会随之扩大,难以忽略。随着电子向阳极传递,底物氧化产生的质子(离子)也开始通过 MFC 中间的隔膜材料向阴极移动。不同的膜材料对于质子(离子)的传导能力是不同的,此外质子(离子)在膜材料中的传递速率会随着膜材料在使用过程中的污染而变化,这些最终均会影响电子的传递效率[15]。隔膜材料除了使电荷平衡、离子不受限制地在阴、阳极之间传递之外,还负责将阳极和阴极室的电解液隔离。但是任何膜材料对底物或氧气均存在一定的渗透性,这将导致部分电子在阳极室被氧气消耗掉而非传递到电极上。

当电子到达电极之后就会通过外部电路传递到阴极,进而传递给最终的电子受体。氧气由于具有较高的还原电势并且在大气中含量丰富,被认为是 MFC 实际应用中最合适和最经济的电子受体。随着 MFC 构型和电极材料的不断开发创新,MFC 阴极的性能逐渐取代阳极成为 MFC 中电子传递的主要限制因素。以阴极氧还原为例,为了解决氧气的传递和还原动力学的限制,催生了很多氧还原催化剂和材料的研究,不过这些催化剂中大多数含有贵金属。相对于氧还原化学催化剂,生物阴极由于对环境友好和经济性成为新的研究热点。相对于原来传统的 MFC 中阳极主要是生物过程、阴极主要是物化过程,生物阴极 MFC 中阴、阳两极中的电子传递均是通过微生物催化来实现的。此外,MFC 阴极室内同样存在电极反应动力学限制、欧姆损失等[16]。

2.1.1.3 MFC 中电子传递的调控手段

为了促进 MFC 中电子的传递,更有效地利用 MFC 来回收废水中的能量或实现其他电子利用,科研工作者根据电子传递的机制和限制因素,开发了许多调控电子传递的手段。MFC 中电子传递可以分为阳极、外部电路和阴极三个主要的场所,因此电子传递的调控也可以从这三个场所阐述。

为了更好地促进阳极电子的传递,加强产电微生物和电极之间的接触是必要的。如果微生物可以在电极上形成很好的生物膜,那么两者之间的电子传递就会比较容易,否则就需要采用搅拌等措施来增加微生物和电极之间的接触。为了实现微生物和电极之间的接触,可以通过基因改造等手段改善微生物的成膜能力或将电极表面改性使微生物更容易在电极表面成膜。微生物和电极接触的问题解决之后,还需要改善的便是微生物输出电子的能力和电极接受电子的能力。底物是微生物电子的来源。因此,充足的底物供应和良好的生长状况,对于微生物电子输出是非常重要的。除此之外,还有部分研究者通过一些场效应来调控微生物输出电子的能力,如外加磁场和外加电场等。MFC 是一个厌/缺氧的环境,微生物发酵和微生物将电子传递到电极实际上是两个竞争底物的过程,因此需要对体系中除电极之外的电子受体的加入有所控制。而电极接受电子的能力也可以通过多种手段调控,简单的手段有增加电极的实际表面积、降低电极极化,具体方法可以是增加电极表面的粗糙度或是设计维度更高的电极结构。此外,为了更好地帮助阳极俘获电子,增加电极的电化学活性和其对电子的"吸引力",可以使用更为有效的催化剂修饰电极,增加交换电流密度[17]。对于MFC 来说,还可以增加活性微生物或是其活性蛋白(如细胞色素 c)的氧化还原可逆性或是增加其在电极上的覆盖率。这些调控手段均是通过加强微生物和阳极各自的优势来建立两者之间更加"亲密"的关系。具有电化学活性的人造电子媒介,同样是电极和微生物(特别是不易形成生物膜的产电微生物)之间"亲密"关系的中间缔造者。

外部电路虽然简单,却可以通过调整很好地实现对电子传递的调控。比较简单的是通过外电阻大小的调节来实现电子传递速度的调控,外电阻的改变甚至会影响电极上微生物的种群结构和代谢活性[18]。此外,电极极化也是经常采用的电子传递调控手段。电极极化实际上是通过外电路赋予电极合适的电位来促进生物膜的生成或是诱导微生物更倾向于将电子传递给电极。

对于阴极来说,阳极的很多调节手段同样有效。对于氧气为最终电子受体的 MFC,还可以通过调节阴极氧气分压的方式来影响电子的传递。此外,选用一些选择性更强的催化剂如漆酶来代替贵金属 Pt,可以减少电子的无效消耗。

其他与阴、阳极同时相关的电子传递调控手段有:调节阴、阳电极之间的距离,调节电极和膜面积比,改变阴、阳极的离子强度(缓冲盐)。这些手段往往会同时改变 MFC 的内阻。此外,MFC 的工作原理决定了在运行中阳极室会逐渐酸化而阴极室则会逐渐碱化,因此,一定强度的缓冲能力对于电子的传递是必需的[19]。

污染控制理论与应用前沿丛书
生物电化学系统的催化与污染转化过程

2.1.2

微生物胞内电子传递及调控手段

2.1.2.1 微生物电子传递的意义

微生物为了生存必须解决能量供应的问题。生物体所需的能量大多来自糖、蛋白、脂肪等有机物的氧化。这些有机物在生物体内彻底氧化成水和二氧化碳之前,均先经过分解代谢。在不同的分解代谢中,一般均伴随着代谢物的脱氢或辅酶的还原过程。而这些还原辅酶最终将氧气或是其他电子受体还原之前均要经历类似的电子传递过程。有机分子在细胞内氧化分解并释放能量(如ATP)的过程,称为生物氧化。大多数生物氧化的实质是氧化磷酸化,这是微生物获取能量的主要方式。氧化磷酸化是指还原辅酶上的电子通过一系列电子传递载体传递给最终电子受体,伴随着还原辅酶的再氧化,而这个过程中产生的自由能通过 ADP 磷酸化储存在 ATP 中。因此电子传递的过程就是化学能转移的过程,即胞内的电子传递将有机物中蕴藏的化学能逐步释放出来,并为微生物的生命活动提供能量或能量储备。

2.1.2.2 微生物胞内电子传递的主要途径

微生物胞内的电子传递是一个非常复杂的过程,需要电子载体的参与。如物质被氧化分解时,电子首先被传递给 $NAD^+/NADP^+$。$NAD^+/NADP^+$ 是水溶性电子载体,可以可逆地与脱氢酶结合。除此之外,其他重要的电子载体有泛醌(ubiquinone)、细胞色素(cytochromes)蛋白、铁硫蛋白(iron-sulfur proteins)等。泛醌又称辅酶 Q,简称 Q,是脂溶性的,它既可以结合到线粒体内膜上,又可以以游离状态存在。泛醌有多种氧化还原形式存在,因此可以作为胞外电子传递的媒介。泛醌同时也是质子载体,将电子传递和质子的跨膜移动偶联起来。细胞色素蛋白是一类以血红素(heme)为辅基的电子传递蛋白的总称,几乎存在于所有的生物体内。细胞色素根据吸收光谱的不同分为 a、b、c 三类。在铁硫蛋白中,Fe 螯合于无机硫或蛋白质 Cys 残基上的 S,形成铁硫中心的结构。实际上不管是否有生命体的参与,电子传递的动力始终是氧化还原电势差。对于电子载体来说,因为要不断重复电子得失的过程,因此需要具备合适的氧化还原电势。图2.3中列出了氧气和一些胞内电子载体的还原电势。电子正是从标准还原电势较低的电子载体逐渐传递到标准还原电势较高的电子载体的,并释放出合成 ATP 所需的能量。电子传递所经过的途径一般形象地称为电子传递链或呼吸链。从图中可以看出,微生物可以利用电子在 NADH 和细胞色素 c 之间传递产生的能量,而 MFC 之类的生物电化学系统则可以收集电子在细胞色素 c 和氧气之间传递产生的能量。

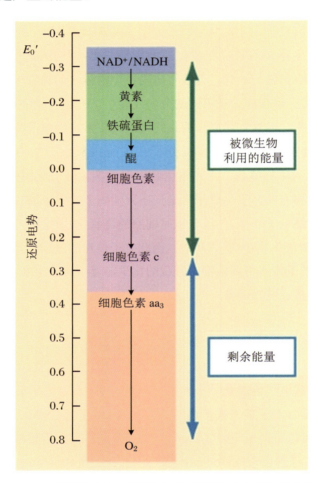

图 2.3　呼吸链(电子传递链)中电子载体和氧气的还原电势

2.1.2.3　微生物胞内电子传递调控手段

目前微生物胞内电子传递的调控手段多是在研究电子传递链顺序时发现的。一般是先阻断呼吸链中某个传递步骤,再测定链中各组分的氧化-还原态情况,确定其在链中所处的位置。因此,目前胞内电子传递的调控多是通过阻断某段电子传递来实现的。这种能够阻断呼吸链中某部位电子传递的物质称为电子传递抑制剂。

常用的几种电子传递抑制剂及其作用部位如下:

(1) 鱼藤酮、安密妥、杀粉蝶菌素。其作用是阻断电子在 NADH-Q 还原酶内的传递,所以阻断了电子由 NADH 向 CoQ 的传递。

(2) 抗霉素 A。其作用是干扰细胞色素还原酶中电子从细胞色素 b_H 的传递,从而抑制了电子从还原型 CoQ（QH2）到细胞色素 c_1 的传递。

(3) 氰化物（CN—）、硫化氢（H_2S）、叠氮化物（N_3—）、一氧化碳（CO）等。其作用是阻断电子在细胞色素氧化酶中的传递。

还有一种物质可以调控胞内的电子传递,那就是解偶联剂,如 2,4-二硝基苯酚（2,4-dinitrophenol,DNP）。这类试剂不抑制电子传递链的组分,而是将电子传递和 ATP 合成这两个过程分离,使它们之间的紧密联系不复存在。Russell 等研究发现,加入解偶联剂后,内膜对质子的通透性增加,导致质子梯度无法形成,也就无法再合成 ATP 了。但是这个过程并不抑制电子的传递。相反,解偶联剂的加入促进了底物的消耗和氧气的利用。作为电子传递的始端和末端,底物和氧气的表现也许说明了解偶联剂在一定程度上了促进了微生物胞内电子的传递。

2.2

解偶联效应对产电微生物电子传递的调控

2.2.1

解偶联效应概述

电子传递对于微生物在自然界的生存是必需的,微生物正是利用电子传递过程中产生的能量来维持自身的生长和活动。其中部分微生物还具有将电子传递到胞外的能力。这种胞外电子传递（extracellular electron transfer，EET）活动在地球元素化学循环、环境修复以及生物电化学系统的功能实现等过程中均扮演了重要的角色。但是，微生物胞外电子传递过程往往被多种因素限制。因此，如何调控微生物胞外电子传递引起了许多科研工作者的兴趣。

为了维持生长和代谢活性，微生物需要从底物中摄取能量。底物在氧化的过程中会在细胞质膜两侧产生质子推动力（proton motive force，PMF），为 ADP 磷酸化形成 ATP 提供能量。因此，通过 ATP 中自由能的转换，分解代谢和合成代谢这两个过程紧密耦合起来。一些研究表明，ATP 合成和底物氧化之间的偶联关系可以被解偶联剂所破坏，该过程被称作解偶联（uncoupling）或能量溢溢（energy spilling）。在解偶联作用下，底物的氧化会被促进，但是生物合成却由于 ATP 合成受限而减少。基于这个原因，目前解偶联主要应用在活性污泥系统的污泥减量化上或者是好氧培养的纯菌系统中。关于解偶联效应对微生物电子传递的影响的研究却鲜见报道。

胞外电子传递作为微生物代谢很重要的一部分，也应受到解偶联效应的影响。我们设想：加入解偶联剂，在 ATP 合成受限和底物消耗加速的情况下，有可能使更多的电子传递到胞外的电子受体上。因此，我们在这节的研究中探索微生物的胞外电子传递是否会受到解偶联剂的影响以及可能的影响机制。3,3′,4′,5-四氯水杨酰苯胺（3，3′，4′，5-tetrachlorosalicylanilide，TCS）和 2,4-二硝基酚（2，4-dinitrophenol，DNP）被分别用来研究解偶联效应对电子传递的影响。TCS 和 DNP 均是典型的质子载体，能够将质子跨膜运输。它们也均是重要的化工原料，可以被用来制备肥皂、洗发水、染料、除草剂以及防腐剂等。因此，TCS 和 DNP 向环境的排放和累积也是不容小觑的，这也增加了微生物和其接触的机会。我们以 *Shewanella oneidensis* MR-1 等模式微生物和混合微生物为对象，利用 MFC 和实验室所研发的 WO_3 电致变色方法，评估解偶联剂对微生物电子传递能力的影响；依据该实验结果，我们提出了解偶联调控微生物胞外电子传递的机制。

2.2.2

解偶联效应对产电微生物电子传递调控的研究方法

2.2.2.1　解偶联剂和微生物种类

实验中选用的解偶联剂 TCS 和 DNP 及其他试剂均为分析纯。选用的纯种微生物有 *Shewanella oneidensis* MR-1、*Shewanella oneidensis* CN-32、*Bacillus megaterium*、*Kluyvera cryocrescens* TS IW 13、*Proteus* sp. SBP10 和 *Pseudomonas aeruginosa*。除了 *Bacillus megaterium*（几乎不具备胞外电子传递能力）之外，其他几种微生物均具备较强的胞外电子传递能力[20]。*Kluyvera cryocrescens* TS IW 13 和 *Proteus* sp. SBP10 是利用实验室研发的电致变色方法筛选出来的电活性微生物。微生物原先均储藏在 −80 ℃ 冰箱里，实验时在 LB 中活化至生长对数期。活化温度控制在 30 ℃。混合种微生物则是从实验室一个稳定运行的 MFC 中收集的。

2.2.2.2　MFC 的构建

实验中使用的 MFC 为双室结构，阳极室体积为 110 mL。MFC 阴、阳极材料均是碳毡（中国三叶碳公司），表面积为 8 cm²。阴、阳极之间的隔膜材料是质子交换膜（PEM，GEFC-10N，中国 GEFC 公司）。阴极液是 50 mmol · L⁻¹ 的铁氰化钾，同时加入 50 mmol · L⁻¹ 的磷酸缓冲盐以维持 pH 在 7.0。MFC 外接电阻是 1000 Ω，其两端的电压是由一个与电脑相连的采集卡（34970A，美国 Agilent 公司）自动采集的。电池是在恒温摇床中批次操作的，温度控制在（25 ± 1）℃。在实验之前，MFC 阴、阳极均充分曝氮气 20 min 以上，以创造厌氧环境[21]。

MFC 是一个研究微生物的胞外电子传递的很好的平台。但 MFC 在本实验中被应用的前提是 MFC 具备足够的灵敏度来检测由解偶联效应引起的电子传递差异。MFC 灵敏度的实验是用 *Shewanella oneidensis* MR-1 和 DNP 来进行的。每升阳极乳酸钠培养基的成分包括：3.36 g 乳酸钠，5.85 g NaCl，11.91 g Hepes，0.3 g NaOH，1.498 g NH_4Cl，0.097 g KCl 和 0.67 g $NaH_2PO_4 · 2H_2O$，再加入 0.4 mL 微量元素浓缩液。每升微量元素浓缩液中又包括：1.5 g NTA

$(C_6H_9NO_6)$，30 g $MgSO_4 \cdot 7H_2O$，5 g $MnSO_4 \cdot H_2O$，10 g NaCl，1 g $FeSO_4 \cdot 7H_2O$，1 g $CaCl_2 \cdot 2H_2O$，1 g $CoCl_2 \cdot 6H_2O$，1.3 g $ZnCl_2$，0.1 g $CuSO_4 \cdot 5H_2O$，0.1 g $AlK(SO_4)_2 \cdot 12H_2O$，0.1 g H_3BO_3，0.25 g $Na_2MoO_4 \cdot 2H_2O$，0.25 g $NiCl_2 \cdot 6H_2O$ 和 0.25 g $Na_2WO_4 \cdot 2H_2O$。0.4 mL 过膜的氨基酸溶液（每升中含 2 g L-谷氨酸，2 g L-精氨酸，2 g DL-丝氨酸）和 0.4 mL 过膜的维生素溶液（每升中含 2.0 g 生物素，2.0 g 叶酸，10.0 g 维生素 B_6，5.0 g 核黄素，5.0 g 维生素 B_1，5.0 g 烟酸，5.0 g 维生素 B_5，0.1 g 维生素 B_{12}，5.0 g p-氨基苯甲酸，5.0 g 硫辛酸），在培养基灭菌之后加入。所有的溶液均是用超纯水（美国 Millipore 公司）配的。为了消除实验中存在的不确定性和偶然性，DNP 加入的时间选在了 MFC 电压开始逐渐下降的时候。MFC 运行了 2 个产电周期，其间加入 DNP 的浓度分别为 10 $\mu g \cdot L^{-1}$ 和 20 $\mu g \cdot L^{-1}$。

在考察解偶联剂存在条件下微生物电子传递的 MFC 实验中，MR-1 的培养基成分和上面验证实验中相同，而混合种的阳极底物则采用了 1 $g \cdot L^{-1}$ 的乙酸钠和其他必需的营养物质。不过和验证实验中不同的是：50 $\mu g \cdot L^{-1}$ 的 TCS 和 DNP 提前溶解在各自需要的培养基中，以方便比较不同条件下微生物的产电能力。MFC 所有的条件实验均运行了 3 个产电周期。

2.2.2.3 WO_3-24 孔板电致变色装置的构建

WO_3 是一种智能材料，在电致变色和气敏性方面具有广阔的应用前景，如利用其电致变色特性制备的探针便是一种快速和高通量的评估微生物电子传递能力的工具[20]。实验中 WO_3-24 孔板电致变色装置正是参照 Yuan 等的方法在 24 孔板（CellstarH，德国 Greiner Bio-One 公司）中构建的。构建的主要步骤如下：首先，每个孔中注入 1 mL 灭过菌的掺杂了琼脂 B（20 $g \cdot L^{-1}$）的培养基。培养基注入结束之后将 24 孔板在无菌室中静置 1 h 使培养基凝固，凝固的培养基作为电致变色装置的底层。其次，将 20 μL 在 LB 培养基中培养好的微生物（$OD_{600} = 1.0$）滴到凝固的培养基上，加入将于微生物相互作用的试剂，作为电致变色装置的中间层。最后，将含有 WO_3 的混合液体凝结在培养基和微生物上面，构成电致变色装置的顶层——显色层。显色层中混合液体的成分有：琼脂 B，20 $g \cdot L^{-1}$；NaCl，10 $g \cdot L^{-1}$；WO_3，5 $g \cdot L^{-1}$。WO_3-24 孔板电致变色装置构建好之后，放置在恒温培养箱中，温度控制在（30±0.5）℃。实验记录电致变色装置显色层随时间变色的过程。为了消除误差，一块 24 孔板上每次只进行一株微生物在不同 TCS 或 DNP 浓度下电子传递的实验，每个浓度条件设计了 3 个平行实验。

WO$_3$显色层的变色是通过一台扫描仪（1248US，中国 UNIS 公司）来监测的。在扫描过程中，24孔板被罩在一个专门设计的与24孔板等大小的方盒下面来消除外界光线的影响。WO$_3$变色程度的定量分析是在图形分析软件Image-Pro Plus（Version 6.0，美国 Media Cybernetics 有限公司）中完成的。大概步骤如下：① 转换原始图片为8 bit 灰度；② 使用"圆形感兴趣区域"（area of interest，AOI）工具选择需要测试的面积（每个孔），接着使用"多个 AOI"工具将 AOI 从一个孔移到下一个孔，确保每个孔对应的 AOI 面积是一致的；③ 打开"测试"选项下的"计数/大小"工具，将 AOI(s) 转换为目标；④ 选择测试项目：平均光密度；⑤ 结果输出。

2.2.2.4　解偶联效应下微生物与电子传递相关的生理特性表征

微生物电子传递是一个复杂的生物过程，影响该过程的因素众多。因此，实验中以 *Shewanella oneidensis* MR-1 为模式菌株，考察了在不同 TCS 和 DNP 浓度（0 μg·L^{-1}，50 μg·L^{-1}，400 μg·L^{-1}）下与微生物电子传递相关的一些宏观生理特性，如生长、底物消耗等。微生物生长通过 OD$_{600}$ 和氨氮消耗这两个指标进行判断，MFC 和血清瓶实验中的 MR-1 生长均有考察。在血清瓶实验中，硝酸根代替电极作为最终电子受体。氨氮、底物化学需氧量（chemical oxygen demand，COD）和硝酸根浓度的测量均采用标准方法（APHA，1998）。

此外，由于 TCS 和 DNP 是环境优先污染物，故我们同时考察了 TCS 和DNP 对生物的毒性作用。不同浓度 TCS 和 DNP 对生物的毒性作用是通过台盼蓝染色法来评估的。台盼蓝可以选择性地将死细胞染成蓝色。在染色过程中，细胞悬浮液和0.4%的台盼蓝溶液以体积比9：1混合，然后快速在显微镜（BX41，日本 Olympus 公司）下观察。

2.2.2.5　解偶联效应下微生物电子传递模型的建立

根据 Rittmann 和 McCarty 的理论，在解偶联情况下微生物胞内电子流向电子传递链初端电子受体的速度会增加，此时比电子流动速度（$r_{A,eff}$）可以用以下数学式来表达：

$$r_{A,eff} = \frac{q_{eff}S}{K_{eff} + S}\left[1 - Y_{eff}\left(1 - \frac{f_d b_{eff} \theta_x}{1 + b_{eff} \theta_x}\right)\right] \tag{2.1}$$

式中，q_{eff} 为比基质利用速度；S 为底物抑制浓度；K_{eff} 为生长速率，最大比生长速率 1/2 时的基质浓度；Y_{eff} 为实际细胞合成产率；f_d 为活性菌中可生物降解的部分；b_{eff} 为实际内源衰减系数；θ_x 为平均细胞停留时间。当解偶联剂存在时，Y_{eff} 和 b_{eff} 可以从下面的公式获得：

$$b_{eff} = b\left(1 + \frac{I}{K_I}\right) \tag{2.2}$$

$$Y_{eff} = \frac{Y}{1 + \dfrac{I}{K_I}} \tag{2.3}$$

上面两式中，Y 和 b 分别为没有解偶联效应影响时的细胞合成产率和内源衰减系数，K_I 为解偶联剂抑制浓度，而 I 为解偶联剂浓度。由于每个批次中电池运行时间是相同的，所以电池在运行周期中回收的电量（C）和 $r_{A,eff}$ 是成正比的。此外，由于解偶联剂浓度是实验中唯一的变量，q_{eff}，S 和 K_{eff} 均可以认为是运行过程中的常量。因此，引入一个系数 α 取代这些常数，同时将式(2.2)和式(2.3)代入式(2.1)中，那么，周期电量 C 和 $r_{A,eff}$ 之间的关系就可以转换为如下的周期电量 C 和解偶联浓度 I 之间的关系：

$$C = \alpha + \frac{\alpha Y K_I}{K_I + I} \frac{b\theta_x(f_d - 1)(K_I + I) + K_I}{b\theta_x(K_I + I) + K_I} \tag{2.4}$$

2.2.3
解偶联效应对产电微生物电子传递调控的机理解释

2.2.3.1　解偶联效应对 MFC 中微生物电子传递的调控

如图 2.4 所示，加入 DNP($10\,\mu g \cdot L^{-1}$, $20\,\mu g \cdot L^{-1}$)后，MFC 电压下降的趋势马上改变了，说明 MFC 是有足够的灵敏度来表征不同解偶联浓度下微生物电子传递的差异的。但是如果选择在 MFC 电压下降的时间注入解偶联剂将很难确定统一的加入时间，给不同实验条件下微生物电子传递的比较带来麻烦。

在确定 MFC 具备足够的灵敏度后，实验中将 TCS 和 DNP 在底物中的浓度提高至 $50\,\mu g \cdot L^{-1}$，以便更好地考察解偶联效应对 MFC 中微生物电子传递的调控。底物中没有添加 DNP 和 TCS 的 MFCs 设为对照组。MFC 在每个 TCS 或 DNP 浓度条件下均运行了 3 个周期。

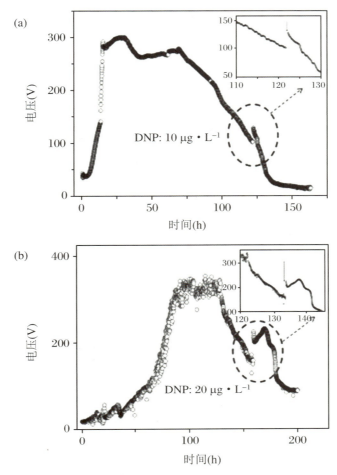

图 2.4　MFC 灵敏度测试实验,DNP 注入浓度(μg · L^{-1}):
(a) 10;(b) 20

图 2.5 和表 2.1 显示的分别是混合种 MFC 产电的结果和相应的库仑效率。从图 2.5(a)~图 2.5(f)可以看出,每一组 MFC 的启动情况基本相同,但注入 TCS 或 DNP 的 MFC 的电压峰值和产电情况均要高于对照 MFC。在图 2.5(a$'$)~图 2.5(f$'$)显示的是产电周期中每一个 MFC 回收电量随时间累积的情况。从中可以看出对照组和添加 TCS 和 DNP 的实验组在电量累积方面的差距还是比较明显的。

实验中还计算了不同实验条件下 MFC 的库仑效率(表 2.1)。在 a、b、c 三组平行实验中,可计算得出:加入 TCS 后库仑效率从 24.5% ±6.7% 增加到 30.8% ±4.8%,而加入 DNP 后库仑效率从 23.2% ±6.1% 增加到 30.3% ± 8.2%。

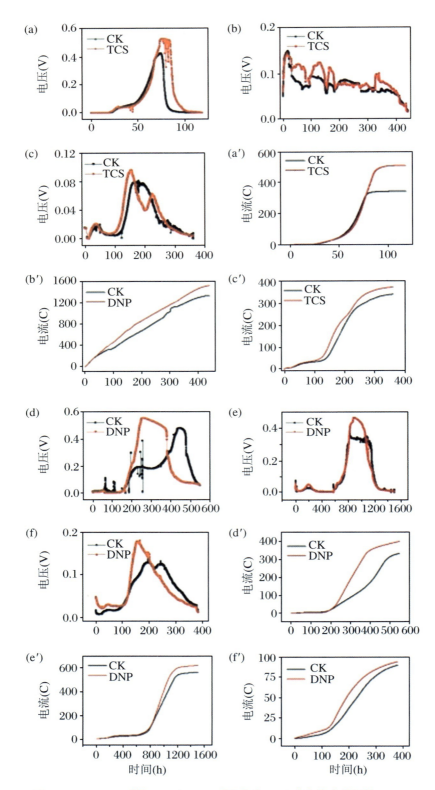

图 2.5　50 μg · L^{-1} 的 TCS 和 DNP 对混合种 MFC 电能输出的调控

表 2.1 混合种 MFC 在不同浓度解偶联剂存在时的库仑效率

MFC 的库仑效率(混合培养,%)						
	a	b	c		d	e	f
TCS	27.1	36.2	29.1	DNP	21.2	32.9	36.9
CK	18.4	31.8	23.4	CK	17.7	29.9	21.9

　　尽管有许多微生物都可以进行或参与胞外电子传递的过程,但是胞外电子传递的研究主要还是围绕着 *Shewanella oneidensis* MR-1 和 *Geobacter sulfurreducens* 进行的。此外,MR-1 的基因组测序已经完成,使得 MR-1 在研究胞外电子传递时可以从基因水平上分析。

　　我们以 *Shewanella oneidensis* MR-1 作为模式菌株,对其在解偶联效应存在时的电子传输和其他生理特性进行了研究。表 2.2 和图 2.6 表明,50 μg·L^{-1} 的 TCS 和 DNP 对 MR-1 产电的影响和其对混合种的影响基本是类似的。注入 TCS 和 DNP 后电池均有较好的产电表现,包括电压峰值、回收的电量以及库仑效率(coulombic efficiency,CE)等。对于 MR-1 来说,注入 TCS 后平均 CE 从之前的 21.5%±2.9%上升到 31.0%±3.1%,而注入 DNP 后则使得 CE 从之前的 23.9%±4.4% 上升到 31.4%±3.8%。

表 2.2 *Shewanella oneidensis* MR-1 MFC 在不同解偶联条件下的库仑效率

MFC 的库仑效率(MR-1,%)						
	a	b	c		d	e	f
TCS	27.8	31.2	34.0	DNP	27.6	31.4	35.2
CK	18.4	22.0	24.2	CK	19.4	24.0	28.2

　　除了 50 μg·L^{-1} 之外,我们还考察了其他浓度的 TCS 和 DNP 对 MFC 中 MR-1 电子传递的调控,发现不同 TCS 和 DNP 注入浓度下 MR-1 电能输出的结果如图 2.7 所示。当 MFC 中加入解偶联剂 TCS 时,电压峰值的大小顺序为 TCS 50>TCS 100>TCS 10>CK>TCS 400,而对于 DNP 来说,电压峰值的大小顺序为 DNP 50>DNP 150>DNP 10>CK>DNP 450。整个运行周期中,不同解偶联剂浓度下回收电量大小的顺序也与电压峰值大小的顺序是一致的。

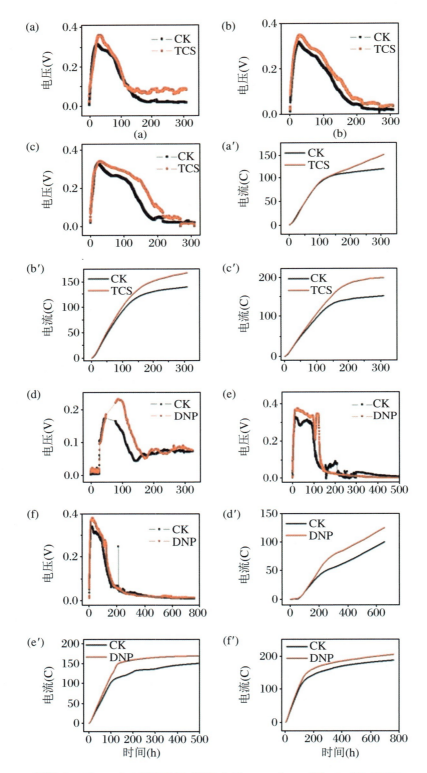

图 2.6　50 μg·L⁻¹的 TCS 和 DNP 对 *Shewanella oneidensis* MR-1 MFC 产电的影响

根据之前建立的电子传递模型,解偶联剂加入后,周期回收电量 C 和解偶联浓度 I 之间可以用式(2.4)来表示。利用式(2.4)对不同解偶联剂浓度下 MR-1 在 MFC 中电子传递的实验结果进行模拟(图 2.8),实验结果和模型吻合得很好,说明了模型的有效性。一定浓度解偶联剂的加入确实可以促进 *Shewanella oneidensis* MR-1 向胞外传递电子。而采用不同的解偶联剂浓度则可以在一定程度上实现对微生物电子传递的调控。当 TCS 或 DNP 添加浓度低于某一值时,MFC 中的生物电子传递就会被促进;但是当 TCS 或 DNP 浓度继续上升时,这种促进作用就会减弱甚至出现逆反的效应。模拟结果说明,在该实验条件下,TCS 和 DNP 只有在注入浓度分别低于 278 μg·L^{-1} 和 230 μg·L^{-1} 时,才能够促进 *Shewanella oneidensis* MR-1 的胞外电子传递。

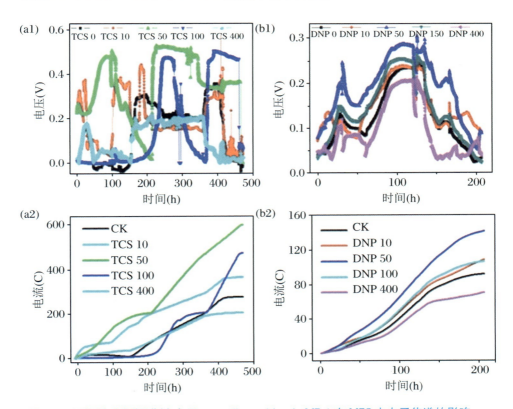

图 2.7　不同浓度解偶联剂对 *Shewanella oneidensis* MR-1 在 MFC 中电子传递的影响

2.2.3.2　解偶联效应对 WO$_3$-24 孔板中微生物电子传递的调控

WO$_3$ 的颜色在接受电子之后会从白色逐渐变成蓝色,因此电子传递的程度就可以从蓝色的深浅程度中计算出来。图 2.9 显示了 24 孔板中 WO$_3$ 的显色过

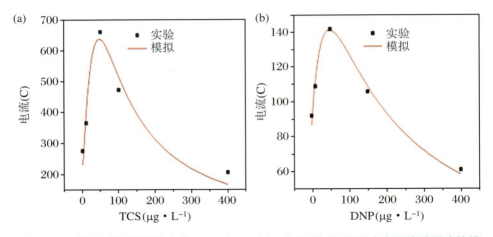

图 2.8　不同浓度解偶联剂对 *Shewanella oneidensis* MR-1 在 MFC 中电子传递影响的模拟：(a) TCS；(b) DNP

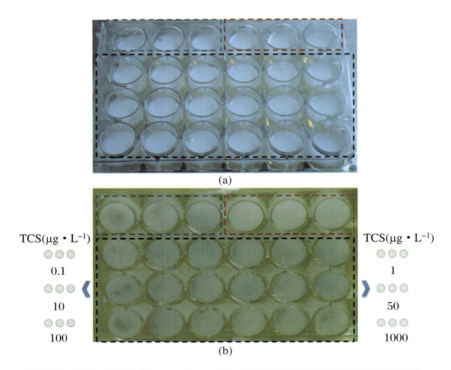

图 2.9　24 孔板接种 *Shewanella oneidensis* MR-1 和不同浓度 TCS 后的照片：
(a) 0 min；(b) 60 min

程。图 2.9(a)是刚刚接种时的颜色，也就是 WO_3 本来的颜色，大约 60 min 后 WO_3 的显色开始可以肉眼可见[图 2.9(b)]；随着时间的推移，颜色会逐步加深。图 2.9(b)中红色虚线部分是没有微生物接种的 3 个孔，可看到它们中的 WO_3 并未变色，而蓝色虚线部分的孔内则是接种了微生物但是没有加解偶联剂，只在黑色虚线部分的孔内同时加入了微生物和解偶联剂。图中也标出了解偶联剂的加入浓度。可以看出,每个条件下的 WO_3 变色程度是不同的。这种差异可以通过每个孔的颜色强度的平均值反映出来。由 Image-Pro Plus 软件计算出的颜色强度的平均值实际上是线性光密度(linear optical density,LOD)。LOD 随着 WO_3 变色的加深逐渐降低,LOD 的变化可用于评估电子传递程度。

不同浓度 TCS(0~10000 $\mu g \cdot L^{-1}$)对纯种微生物的电子调控结果汇总在图 2.10 中。24 孔板中没有中间层,即我们把没有加入微生物和解偶联剂的那

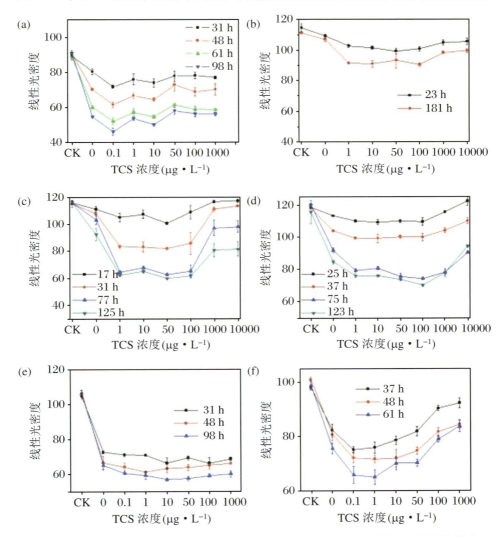

图 2.10　不同浓度 TCS 对纯种微生物在 WO_3 电致变色装置中电子传输的影响:(a) *Shewanella oneidensis* MR-1;(b) *Bacillus megaterium*;(c) *Shewanella oneidensis* CN-32;(d) *Pseudomonas aeruginosa*;(e) *Kluyvera cryocrescens* TS IW 13;(f) *Proteus* sp. SBP10

些孔设为对照组(CK)。由图 2.10 可以看出,在所有 TCS 浓度下,除了 CK 之外,WO_3 层的 LOD 随着时间推移均逐渐降低。这显示了 WO_3 电致变色装置对于非生物因素有良好的抗干扰能力。此外,在 MFC 领域中认为是非产电菌的 *Bacillus megaterium* 导致了 WO_3 层 LOD 的轻微降低。这证明构建的 WO_3 电致变色装置是一种相较 MFC 更加灵敏的监测微生物电子传递的工具。此结果也暗示所谓的产电菌和非产电菌之间也许并不存在绝对严格的界限。

对于每个纯种微生物和一定浓度的 TCS 来说,加入 TCS 均加快了 LOD 的降低速度。但对高浓度的 TCS 来说,随着时间的推移,LOD 降低的速度逐渐放缓,甚至可能会低于 $0~\mu g \cdot L^{-1}$ TCS 的对照组。就图 2.10(a)而言,在 31 h 之前,所有浓度的 TCS 均促进了 *Shewanella oneidensis* MR-1 的电子传递。但是 67 h 后(第 98 h),只有低于 $50~\mu g \cdot L^{-1}$ 的 TCS 加入组电子传递的速度依然快于 $0~\mu g \cdot L^{-1}$ TCS 的对照组。类似的情况也可以在被解偶联效应调控的其他细菌电子传递上看到[图 2.10(b)～图 2.10(f)]。TCS 是芳香族化合物,对微生物有一定毒性。随着时间推移,在底物被消耗的同时,TCS 的生物毒性也逐渐显现出来。因此,其对微生物电子传递的促进就会逐渐被削弱,甚至会出现抑制的效果,尤其是高浓度的 TCS 使用时。当然底物的匮乏也会导致电子传递速度减慢。

我们同时考察了不同 DNP 浓度对这些微生物在 WO_3 电致变色装置中电子传递的调控,结果汇总在图 2.11 中。类似地,当浓度低于某个值时,DNP 的加入均促进了微生物的电子传递。为了考察解偶联效应对电子传递调控的普适性,我们还研究了混合种污泥和解偶联剂在 WO_3 电致变色装置中相互作用的情况,其结果汇总在图 2.12 中。一般来说,混合微生物种群对有毒物质的抵抗作用要强于纯菌微生物。实验中应用的 TCS 和 DNP 浓度($1{\sim}1000~\mu g \cdot L^{-1}$)在测试时间($0{\sim}82$ h)内均促进了混合种向 WO_3 的电子传递。此外,相对于纯菌微生物来说,混合微生物种群可以利用的底物范围更加广泛,其操作和维持成本也要低得多,在电子传递方面有更强的实际应用价值。

以上结果表明,合适浓度的 TCS 和 DNP 会促进微生物的胞外电子传递,但是当 TCS 和 DNP 浓度过高时解偶联剂的促进作用可能会被其自身的生物毒性削弱,甚至表现出抑制作用。此外,合适的 TCS 和 DNP 浓度区间对于不同的微生物是不同的,体现了微生物在抵制解偶联毒性上的差异性。

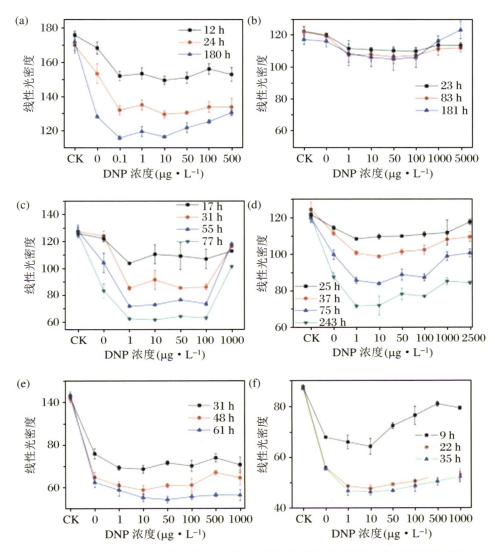

图 2.11　不同浓度 DNP 对纯种微生物在 WO₃ 电致变色装置中电子传输的影响：
(a) *Shewanella oneidensis* MR-1；(b) *Bacillus megaterium*；(c) *Shewanella oneidensis* CN-32；(d) *Pseudomonas aeruginosa*；(e) *Kluyvera cryocrescens* TS IW 13；(f) *Proteus* sp. SBP10

2.2.3.3　微生物在解偶联效应下的生理特性分析

为了探究解偶联效应对微生物电子传递调控的机理，实验中以 *Shewanella oneidensis* MR-1 为模式菌株考察了解偶联效应对微生物一些宏观生理特性的影响，如生长状况、活性以及底物消耗等。

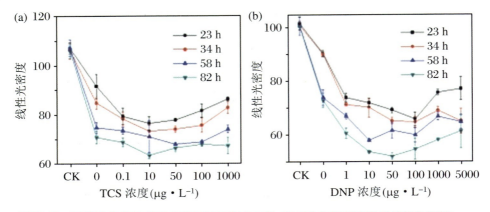

图 2.12　不同浓度解偶联剂对混合种污泥在 WO$_3$ 电致变色装置中电子传输的调控

图 2.13 显示的是解偶联剂对 MR-1 在 MFC 中生长的影响。如图 2.13(a1)和图 2.13(b1)所示，当解偶联剂 TCS 或 DNP 浓度为 50 μg · L^{-1}时，MR-1 在运行过程中的最大生物量和 CK 相比基本差不多，但是之后的运行过程中其生物量则要高于 CK。当解偶联剂 TCS 或 DNP 浓度增加至 400 μg · L^{-1}时，MR-1 在整个运行周期中其生长均要逊于 CK。微生物的生长需要氮源，因此氨氮的消耗与微生物的生长也是密切相关的。图 2.13(a2)和图 2.13(b2)中显示的是 MFC

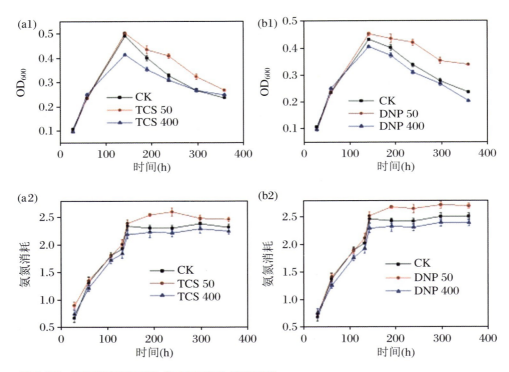

图 2.13　解偶联剂对 MR-1 在 MFC 中生长的影响

运行过程中 MR-1 消耗氨氮的情况。从图 2.13 中可以看出，MR-1 氨氮的消耗情况与之前图 2.13(a1)和图 2.13(b1)中其生长状况(OD_{600})是相对应的。血清瓶中模拟解偶联剂存在条件下 MR-1 生长的实验得到了类似的结果(图 2.14)。

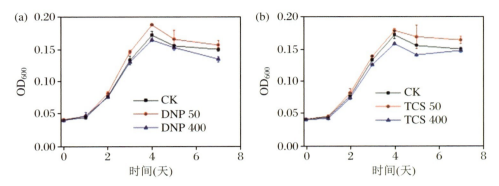

图 2.14　解偶联剂对 MR-1 在血清瓶中生长的影响：(a) DNP；(b) TCS

在之前的实验中，我们看到高浓度的解偶联剂可能会对微生物产生毒性，最终影响微生物的电子传递。我们采取台盼蓝染色的技术考察 TCS 和 DNP 的生物毒性。如图 2.15 所示，利用台盼蓝选择性地将死细胞染成蓝色的特点，可以很容易看出：当解偶联剂 TCS 和 DNP 浓度为 50 $\mu g \cdot L^{-1}$ 时，MR-1 菌液中死细胞和 CK 相比较略有增加；而解偶联剂浓度增加至 400 $\mu g \cdot L^{-1}$ 时，菌液中死细胞的数目明显增加。此外，从图中还可以看出 DNP 对 MR-1 的生理毒性似乎要更强一些。

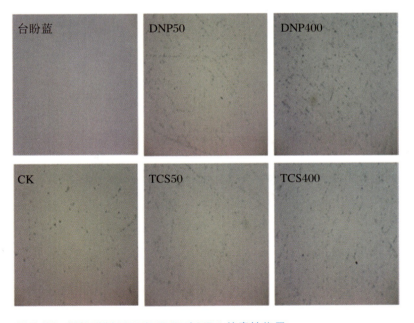

图 2.15　解偶联剂 TCS 和 DNP 对 MR-1 的毒性作用

2.2.3.4 解偶联效应对微生物电子传递调控的解析

微生物的胞外电子传递可以被自身分泌或是外部投加的电子媒介促进。作为微生物和电子受体之间的电子载体,电子媒介需要满足一定的要求,其中最重要的两个要求便是合适的氧化还原电位窗口和非生物毒性。前面提到解偶联剂存在一定的生物毒性,其氧化还原可逆性也比较弱,因此 TCS 和 DNP 这两种解偶联剂并不适合作为电子媒介,本实验中解偶联促进电子传递无法用外部投加电子媒介的原理来解释。

图 2.16(a)显示的是细胞内简化的电子传递途径。随着底物的氧化,产生的电子被传送至没有达到平衡态的、与电子传递链耦合的蛋白上;与此同时,质子被泵到细胞膜外,传递的电子越多,被泵出的质子就越多,这个过程将在膜两侧产生电势(PMF);由于细胞膜对质子的阻碍,细胞膜外的质子只能在PMF 的推动下经由膜表面运送至 ATP 合成酶后再次进入胞内。这个过程伴随着 ATP 的合成。由此可以看出电子传递和 ATP 合成通过质子的跨膜传输耦合在一起。

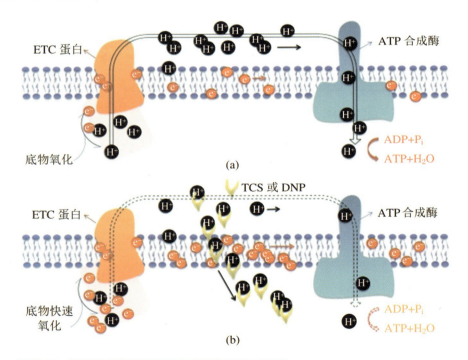

图 2.16 解偶联效应调控微生物电子传递的示意图

图 2.16(b)显示的则是由于 TCS 或 DNP 等解偶联剂加入而引起的质子跨膜传输的改变。黑色和红色箭头的方向分别代表质子和电子运动的方向,长短

则代表迁移速度大小；虚线部分代表受到抑制的过程。TCS 和 DNP 均属于质子载体型解偶联剂，这种解偶联剂会导致膜的质子通透性增强。这样原先随着电子传递建立的 PMF 就会因为 TCS 和 DNP 引起的质子反方向跨膜传输而削弱甚至崩溃，在通常情况下这部分原来用于产生 ATP 的 PMF 会以热量的方式耗散掉。但是，电子的去向，尤其是当存在胞外电子受体的时候，却不是很清楚。实际上不同于呼吸抑制剂同时阻止电子传递和磷酸化过程，解偶联剂只是减缓了 ATP 的合成却不影响电子继续传递，甚至可能由于 ATP 合成这个"拖累"的去除而使其有所加快。例如，好氧微生物呼吸氧气的速率在底物充足的情况下会由于解偶联剂的加入而加快，而呼吸氧气本身就是一个电子传递的过程。再如，微生物还原脱氯实质上是胞外电子向含氯化合物的传递，然而由于 ATP 合成酶失活导致的对还原脱氯的抑制却可以通过加入 TCS 得到一定的缓解。

此外，实验中发现解偶联剂存在时，微生物消耗底物的速率略有增加。可能的原因是：宏观地讲，为了维持正常的 ATP 水平，细胞提高了氧化底物的速度，从而补偿 ATP 合成效率的降低；微观地讲，底物的氧化生成大量的电子和质子，并且这两种产物在细胞膜附近累积，尤其是质子更甚。因此可能存在产物抑制的现象，这是微生物自身代谢调节经济性的表现，当然其代谢调节要复杂得多。当解偶联剂加入时，膜外侧质子的累积及产物抑制被破坏掉了，底物氧化反应因此可以更加快速地进行，这同时也破坏掉了微生物代谢的经济性和高效性。

从上面的讨论中我们可以得出解偶联效应促进微生物胞外电子传递可能的机制是：微生物胞内传递电子的速度由于解偶联剂引起的电子传递和 ATP 合成解偶联而本身有所加快；同时在解偶联效应下，底物氧化反应生成的质子和电子在细胞膜附近或快速地被带入胞内或加速导走，促使反应向加速氧化的方向进行，进而产生更多的电子。

2.3

电子受体对细菌电子传递途径的调控

Shewanella oneidensis MR-1 不仅是 MFC 中的产电模式菌株，在金属异化

方面更是能力出众。Fe(Ⅲ)的异化还原可以定义为微生物使用 Fe(Ⅲ)作为呼吸过程中的胞外电子受体[22]。Fe(Ⅲ)的异化还原和同化还原之间的差别是：在异化还原时，大量的 Fe(Ⅱ)会随着微生物的生长富集在细胞外围。这类在氧化有机物的同时耦合还原 Fe(Ⅲ)，并从中获取能量的微生物称作 Fe(Ⅲ)还原菌。除了 *Shewanella putrefaciens* 之外，还有一些微生物具有异化还原 Fe(Ⅲ)的能力，如 *Geobacter metallireducens* 和乙酸氧化脱硫单胞菌（*Desulfuromonas acetoxidans*）。在本章中，*Shewanella oneidensis* MR-1 被选择作为研究对象，是因为其在无氧情况下可以利用除 Fe(Ⅲ)之外的多种氧化物作为末端电子受体，如硝酸盐、亚硝酸盐、延胡索酸以及 Mn(Ⅳ)等[23]。

当 *Shewanella oneidensis* MR-1 以延胡索酸或硝酸根作为电子受体厌氧生长时，加入 Fe(Ⅲ)、Mn(Ⅳ)、硫代硫酸盐或是氧气会引起质子的迁移；但是如果在好氧的情况下，只有加入氧气才会引起质子迁移。一般认为 Mn(Ⅳ)和 Fe(Ⅲ)之类的金属电子受体的还原和呼吸相关的质子迁移耦合在一起。但是这些金属还原菌如何在金属氧化物颗粒和细胞外膜之间建立电子通道，以及胞内电子传递链是否会因电子受体不同［如不同种类的 Fe(Ⅲ)］而有所调整尚不清楚。有研究者通过生物化学的方法测得，当 MR-1 厌氧生长时，大约 80% 和膜相结合的细胞色素都分布在 MR-1 细胞外膜上。细胞色素的这种分配应该在金属还原菌还原金属的过程中扮演了重要的角色。此外有报道称，Fe(Ⅲ)在贝（季尔林斯基）氏梭状芽孢杆菌（*Clostridium beijerinckii*）的发酵代谢中充当了电子沉积池（electron sink）或次级电子沉积池（minor electron sink）的角色。但是 Fe(Ⅲ)在 MR-1 代谢中是否扮演同样的角色却不得而知。尽管电子传递链上有不少电子载体同时参与了许多电子受体的还原，但是当存在不同的胞外电子受体时，MR-1 还是会启用不同的电子传递途径[24]。

在本节中，我们研究不同 Fe(Ⅲ)作为电子受体时 *Shewanella oneidensis* MR-1 的生理特性，并试图初步阐释 Fe(Ⅲ)在 MR-1 代谢中所扮演的角色以及不同 Fe(Ⅲ)对 MR-1 电子传递途径的调控，从而验证即使都是 Fe(Ⅲ)，不同的电子受体也可以使得微生物的代谢或电子传递途径有所调整。

2.3.1

电子受体对细菌电子传递途径调控的研究方法

2.3.1.1 电子受体种类及其类型的确定

实验中选用了四种 Fe(Ⅲ)，包括 α-氧化铁（α-ferric oxide）、水合氧化铁（hydrous ferric oxide）、柠檬酸铁（ferric citrate）和铁的 EDTA 钠盐（ferric EDTA sodium salt）作为 *Shewanella oneidensis* MR-1 的电子受体。α-氧化铁、水合氧化铁是难溶于水的。此外，Fe_2O_3 和 $FeOOH$ 是自然界中铁存在的主要形态。柠檬酸铁和铁的 EDTA 钠盐则是 *Shewanella oneidensis* 或 *Geobacter* 研究中采用较多的两种可溶性铁[25]。水合氧化铁制备的主要步骤有：① 将 $FeCl_3 \cdot 6H_2O$ 溶液用 NaOH 中和到 pH = 7；② 使用蒸馏水反复冲洗去除氯离子和钠离子。制成的水合氧化铁在投加到微生物培养基之前，先在蒸馏水中浸泡 72 h。此外需要注意的是，第一步的中和操作速度要比较快，否则容易生成副产物。其余三种 Fe(Ⅲ)均是购买的分析纯级别的试剂。

电子受体的类型可以分为两种，一种是真正的电子受体，另一种是电子沉积池（electron sink）[26]。电子受体类型是通过比较是否有电子受体存在时微生物的产率［单位物质量（moL）底物消耗下微生物的蛋白生成量］大小来区分和判断的。如果电子受体存在时，微生物的产率与其不存在时无明显差距，则认为该电子受体是电子沉积池；如果产率有显著增加，则认为该电子受体是真正的电子受体。为了便于区分，我们把导致产率增加的电子受体类型在本章中重新定义为主动电子受体（active electron acceptor）。

Shewanella oneidensis MR-1 在没有电子受体存在的情况下无法利用乳酸生长，为了确定电子受体的类型，MR-1 培养基中底物采用的是丙酮酸，其他营养物质的组分与之前解偶联实验 MR-1 MFC 中的配方基本类似。通过紫外灭菌后的Fe(Ⅲ)与高温灭菌过的培养基在无菌室内被分装到一起，这样做主要是为了防止铁的水解。丙酮酸和蛋白质的含量分别利用高效液相色谱（HPLC）和蛋白质试剂盒测量。实验中还利用红外和 XRD 对不同 Fe(Ⅲ)还原的产物进行表征。

2.3.1.2　呼吸抑制下电子受体的还原

通过呼吸抑制可以弄清在铁的异化还原中,哪些酶起到了关键的作用。实验中选用了两种呼吸抑制剂,即铜离子和双香豆素(dicumarol)。铜离子被广泛地用来抑制脱氢酶的活性[27],而氢化酶和脱氢酶是重要的胞内电子穿梭体。双香豆素抑制微生物电子传递中甲基萘醌类(menaquinone)物质的活性[18]。在厌氧条件下,由底物氧化产生的电子流经甲基萘醌类池(menaquinone pool)后传递到固着于细胞质膜的细胞色素 c 和后续的电子载体。铜离子和双香豆素均设计了三个梯度浓度,即铜离子:0 μmol·L^{-1}、10 μmol·L^{-1}、50 μmol·L^{-1};双香豆素:0 μmol·L^{-1}、20 μmol·L^{-1}、100 μmol·L^{-1}。双香豆素在水中的溶解度比较小,因此实验中加入了少量甲醇助溶(每个血清瓶中的甲醇量相同)。为了消除呼吸抑制剂对 MR-1 生长的影响,在呼吸抑制实验的 MR-1 培养基中没有添加氮源,该培养基称作非生长培养基(non-growth medium)。血清瓶中的 MR-1 是从 LB 培养基中收集的,在转接到血清瓶之前,MR-1 均使用非生长培养基反复冲洗离心,以消除 LB 培养基可能带来的底物。

2.3.1.3　野生菌和突变株对电子受体的还原

除呼吸抑制外,实验还通过比较 MR-1 野生型和突变株($\Delta mtrD$、$\Delta mtrF$)还原 Fe(Ⅲ)来考察 MR-1 中哪些基因参与了铁的异化还原。MtrD 和 MtrF 分别是位于周质空间和外膜(OM)的十亚铁血红素细胞色素 c。MtrD 是 MtrA 的类似物,而 MtrF 是 MtrC 的类似物。敲除 $mtrD$ 和 $mtrF$ 将导致 MR-1 分别缺失编码周质空间和外膜十亚铁血红素 c 型细胞色素的能力。$mtrA$ 和 $mtrC$ 是 mtr 呼吸系统中研究得比较多和比较彻底的两个基因,正是 mtr 呼吸系统使得 MR-1 可以将电子从细胞质膜传递到胞外电子受体。因为 MtrD/MtrF 是 MtrA/MtrC 的类似物(所有 MtrA/MtrC 类似物有 30%～50% 的相似度),一般认为 MtrD/MtrF 应该参与了 MR-1 的胞内电子传递,但是 MtrD/MtrF 的具体作用尚不清楚。

2.3.1.4　电子受体共存时 Fe(Ⅲ)的还原

实验中选用的共存电子受体是硝酸根。硝酸根是自然界中广泛存在的可以

污染控制理论与应用前沿丛书
生物电化学系统的催化与污染转化过程

作为 MR-1 电子受体的污染物。化肥施用、粪便和工业含氮废弃物排放等活动均会造成硝酸盐在自然水体中的积累。硝酸根甚至会渗入地下,造成地下水污染。实验中硝酸根采用的浓度为 20 mg·L^{-1}(NO$_3^-$-N),与实际水体中硝酸根浓度接近。硝酸根和 Fe(Ⅱ)的浓度是通过标准方法测量的(APHA,1998)。实验中还考察了 EDTA 和柠檬酸根以及其他离子对 Fe(Ⅱ)测试的干扰,结果发现在 3.6 mmol·L^{-1} 的 Fe(Ⅱ)稀释测量时,24 mmol·L^{-1} 的柠檬酸根离子和 32 mmol·L^{-1} 的 EDTA 造成的测试相对误差分别为 0.2% 和 0.7%;缓冲液中的磷酸根没有对测试造成干扰。

2.3.1.5　电子受体改变时胞内电子媒介分泌的表征

Shewanella oneidensis MR-1 自身分泌的电子媒介有核黄素(riboflavin,RF)、黄素单核甘酸(flavin mononucleotide,FMN)和黄素腺嘌呤二核甘酸(flavin adenine dinucleotide,FAD)。其中 RF 是可以一直分泌的,FMN 是由生长中的细胞分泌的,而 FAD 则是由死细胞释放出来的[28]。

为了研究微生物自身分泌电子媒介对生物电化学过程的影响,往往需要将电子媒介投加到不同的体系中,而不同的电化学环境如何影响微生物电子媒介分泌的研究却较少。实验考察了不同 Fe(Ⅲ)作为电子受体时,MR-1 胞内电子媒介分泌的情况。由于 FAD 是由细胞死亡后分泌的,因此只分析了 RF 和 FMN 的分泌情况。RF 有一定的光化学活性,因此培养 MR-1 的血清瓶均使用锡纸包裹进行避光处理。取好的样品装在可以避光的棕色聚丙烯管中。RF 和 FMN 的浓度是参照文献[29]提供的方法测试的。样品首先进行离心处理(12000 r·min^{-1},5 min),然后取 50 μL 上清液注入装备了 C18 柱(爱尔兰 Waters 公司)的高效液相色谱(HPLC,LC-1100,美国 Agilent 有限公司)中进行分析。HPLC 流动相组分是 25% 的甲醇和 75% 的乙酸铵(0.05 mol·L^{-1},pH 为 7.0),流速设为 0.8 mL·min^{-1}。HPLC 使用的是 RF-10AXL 荧光检测器(日本 Shimadzu 公司),激发和发射波长分别选在 420 nm 和 525 nm。血清瓶中 RF 和 FMN 的浓度是通过与标准曲线的比对获得的。

2.3.2

电子受体对细菌电子传递途径调控的机理解析

2.3.2.1 电子受体类型及其对 MR-1 获取能量方式的影响

Shewanella oneidensis MR-1 等金属异化菌在厌氧条件下还原 Fe(Ⅲ)的报道已有很多,而且人们一般认为微生物的 Fe(Ⅲ)还原和其呼吸代谢是耦合在一起的,不过这些实验并没有提供充足的证据来证实这个观点。换句话说,并没有证据表明 Fe(Ⅲ)的引入可以促进金属异化菌的生长或是 ATP 的合成。因此,我们考察了不同电子受体下 MR-1 的生长特点来论证这个观点的正确性。

MR-1 在不同 Fe(Ⅲ)作为电子受体下的生长实验是在 250 mL 血清瓶中进行的,图 2.17 是 MR-1 在不同电子受体下的蛋白质生成量,即生物质的生成量。从图中可清楚地看到,电子受体的加入明显地促进了 MR-1 的生长。两种可溶性的铁,尤其是柠檬酸铁对 MR-1 的促进作用似乎要比另外两种难溶性的铁更明显。这种对 MR-1 生长的表观促进作用还可以从 MR-1 的呼吸中看出来。

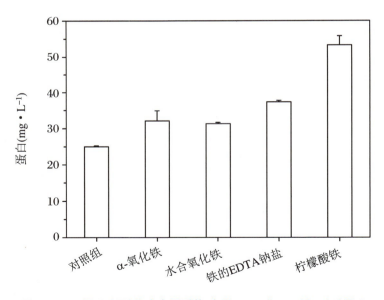

图 2.17 不同 Fe(Ⅲ)作为电子受体时 *Shewanella oneidensis* MR-1
的生物量

污染控制理论与应用前沿丛书
生物电化学系统的催化与污染转化过程

图 2.18 显示的是 MR-1 在有无 α-氧化铁作为电子受体时，不同丙酮酸浓度下 24 h 呼吸产生的 CO_2 情况。当有电子受体存在时，呼吸产生的 CO_2 明显增多。这既可能是由于 MR-1 的活性增强，也可能是其生物量有所增加导致的。但是，电子受体是否真正促进了微生物的生长还需要通过计算生长产率来判断。

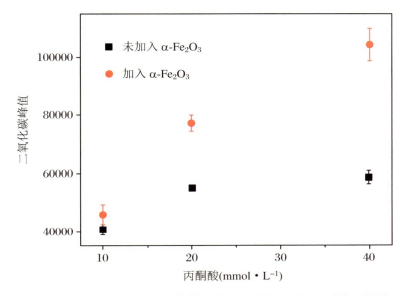

图 2.18　24 h 时，不同丙酮酸浓度下 *Shewanella oneidensis* MR-1 呼吸产生的 CO_2

　　MR-1 以不同 Fe(Ⅲ) 作为电子受体时底物的消耗情况如图 2.19 所示。与无电子受体时的对照相比，电子受体的加入均在一定程度上促进了 MR-1 对丙酮酸的消耗。结合图 2.17 和图 2.19 的数据，可以计算出不同 Fe(Ⅲ) 作为电子受体时 MR-1 的产率（表 2.3）。从表 2.3 中可以看出，和对照组相比，α-氧化铁和水合氧化铁作为电子受体时 MR-1 的产率变化很小，而柠檬酸铁和铁的 EDTA钠盐作为电子受体时 MR-1 的产率有明显增加。在 Park 和 Kim 的实验中，培养基中有无添加水合氧化铁对 *Shewanella oneidensis* IR-1 和 MR-1 的产率同样基本没有影响。这种产率上的明显差别表明两种可溶性铁和难溶性铁的异化还原可能是不同的过程。根据他们的分析，两种难溶性铁作为电子受体时，MR-1 从底物丙酮酸中获得的还原力全部用来还原 Fe(Ⅲ) 为 Fe(Ⅱ)，而没有产生自由能，MR-1 通过底物水平磷酸化的方式获得能量。而以两种可溶性铁作为电子受体时，Fe(Ⅲ) 的还原和自由能的产生是耦合在一起的，MR-1 通过氧化磷酸化的方式获得能量。根据前面电子受体类型的区分标准，α-氧化铁和水合氧化铁并未真正增加 MR-1 对底物能量的利用效率，属于电子沉积池，而柠檬酸铁和铁的 EDTA 钠盐则属于主动电子受体。

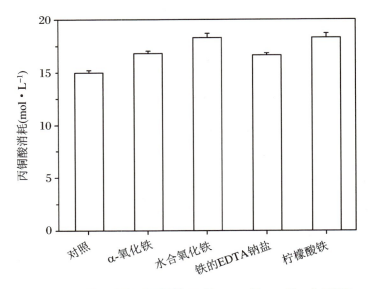

图 2.19　不同 Fe(Ⅲ)电子受体下 *Shewanella oneidensis* MR-1
对丙酮酸的消耗

表 2.3　不同 Fe(Ⅲ)电子受体下 *Shewanella oneidensis* MR-1 的产率

电子受体	产率 （g 蛋白/摩尔电子供体）
对照	1.67 ± 0.02
α-氧化铁	1.90 ± 0.17
水合氧化铁	1.72 ± 0.02
铁的 EDTA 钠盐	2.26 ± 0.02
柠檬酸铁	2.90 ± 0.13

图 2.20 所示的是不同 Fe(Ⅲ)还原产物的红外谱图。经过 *Shewanella oneidensis* MR-1 还原以及后来空气可能的氧化之后，红外谱图均有较明显的变化，说明 MR-1 和 Fe(Ⅲ)之间确实发生了作用。但是将四种 Fe(Ⅲ)还原产物的红外谱图放在一起比较时，却发现它们之间并无明显差别（图 2.21）。因此，我们对还原产物进行了进一步的 XRD 表征，来确认还原产物的具体成分。此外，由于水合氧化铁在制备过程中可能会产生副产物，实验中同时对合成的水合氧化铁进行了 XRD 分析。结果发现，我们合成的确实是水合氧化铁，其还原产物主要是蓝铁矿[vivianite，$Fe_3(PO_4)_{2n}H_2O$，一种水溶性的二价铁]，还存在少量其他的铁磷酸盐沉淀[$Fe_2O(PO_4)$]。柠檬酸铁和 α-氧化铁的还原产物主要也是蓝铁矿，而铁的 EDTA 钠盐的还原产物中除了主成分蓝铁矿外，还有少量的四

污染控制理论与应用前沿丛书
生物电化学系统的催化与污染转化过程

氧化三铁。蓝铁矿应该是 Fe(Ⅲ)还原生成的二价铁离子和周围充当缓冲盐的磷酸根快速结合的产物。

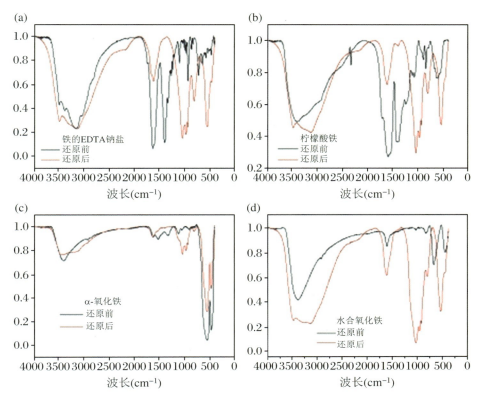

图 2.20　铁的 EDTA 钠盐 (a)、柠檬酸铁 (b)、α-氧化铁 (c) 和水合氧化铁 (d) 在 *Shewanella oneidensis* MR-1 还原前后的红外谱图

2.3.2.2　电子受体对 MR-1 胞内电子传递途径的调控

实验中我们采用了两种手段来考察不同 Fe(Ⅲ)作为电子受体时，MR-1 胞内电子传递途径的差异，即呼吸抑制和 MR-1 突变株。图 2.22 显示的是 *Shewanella oneidensis* MR-1 在不同铜离子浓度（0 μmol·L^{-1}、10 μmol·L^{-1} 和 50 μmol·L^{-1}）下对α-氧化铁、水合氧化铁、铁的 EDTA 钠盐和柠檬酸铁的还原情况。从图 2.22(c)和图 2.22(d)中可以看出 10 μmol·L^{-1} 和 50 μmol·L^{-1}的铜离子对铁的EDTA钠盐和柠檬酸铁的还原均有比较明显的抑制，说明氢化酶/脱氢酶参与了这两种可溶性铁的异化还原，这与这两种铁存在时 MR-1 主要通过氧化亚酸化获取能量的判断是一致的。但是从图 2.22(a)和图 2.22(b)中可

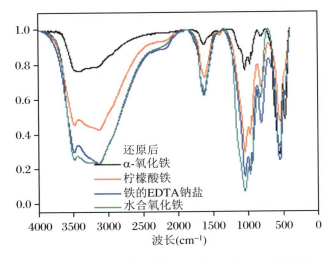

图 2.21　不同 Fe(Ⅲ)在 *Shewanella oneidensis* MR-1 还
原后的红外谱图

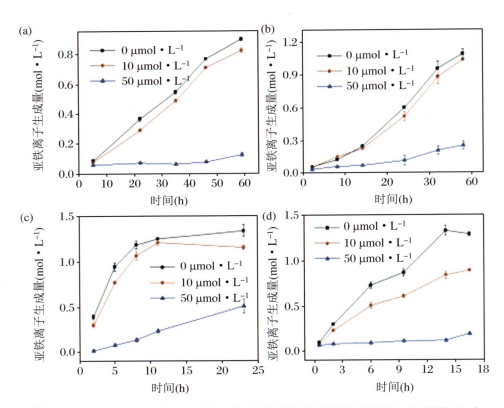

图 2.22　*Shewanella oneidensis* MR-1 在不同浓度铜离子存在条件下对 α-氧化铁(a)、水
合氧化铁(b)、铁的 EDTA 钠盐(c)和柠檬酸铁(d)的还原

以发现 $50~\mu\text{mol} \cdot \text{L}^{-1}$ 的铜离子对 α-氧化铁和水合氧化铁的还原也有明显的抑制作用，$10~\mu\text{mol} \cdot \text{L}^{-1}$ 的铜离子也存在一定的抑制效果。我们得出当 MR-1 以这两种难溶性铁作为电子受体时，主要通过底物水平磷酸化的方式来获取能量。底物水平磷酸化过程基本上与电子传递链无关，主要通过胞内高能分子的结构重组来获取能量。这两种难溶性铁的还原过程受到铜离子的抑制，可能的原因是底物水平磷酸化过程中的能量会在分子内部重新分布，形成含有高能键的化合物，如高能磷酸化合物。这种能量的重新分布一般是通过代谢物脱氢等生物氧化过程实现的。脱氢酶应该参与这个过程。

Shewanella oneidensis MR-1 在另一种呼吸抑制剂——双香豆素存在时对 α-氧化铁、水合氧化铁、铁的 EDTA 钠盐和柠檬酸铁的还原结果如图 2.23 所示。可以看出双香豆素的加入（$20~\mu\text{mol} \cdot \text{L}^{-1}$ 和 $100~\mu\text{mol} \cdot \text{L}^{-1}$）对于前两种难溶性铁的异化还原没有明显的影响[图 2.23(a)、图 2.23(b)]，但是后两种可溶性铁的还原明显受到了双香豆素的抑制。这说明甲基萘醌类物质参与了铁的 EDTA 钠盐和柠檬酸铁而非 α-氧化铁和水合氧化铁的还原。该结果和得出的不同类型电子受体下不同能量代谢模式的结论是一致的。

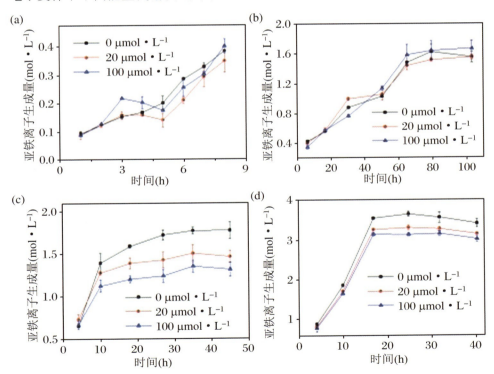

图 2.23　*Shewanella oneidensis* MR-1 在不同浓度双香豆素存在条件下对 α-氧化铁(a)、水合氧化铁(b)、铁的 EDTA 钠盐(c)和柠檬酸铁(d)的还原

MR-1 突变株是实验中考察不同 Fe(Ⅲ) 作为电子受体时电子传递途径差异的另外一种手段。图 2.24 中显示的是 *Shewanella oneidensis* MR-1 野生型和突变株 ΔmtrD 和 ΔmtrF 对铁的 EDTA 钠盐和柠檬酸铁这两种可溶性铁的还原情况。从图中可以看出,敲除 mtrD 和 mtrF 这两个基因对这两种铁尤其是柠檬酸铁的还原几乎没有影响,说明这两个基因没有参与 MR-1 对铁的 EDTA 钠盐和柠檬酸铁的还原。之前也有文献报道称 MR-1 突变株 ΔmtrD 拥有和野生型几乎相同的还原柠檬酸铁的能力[30]。

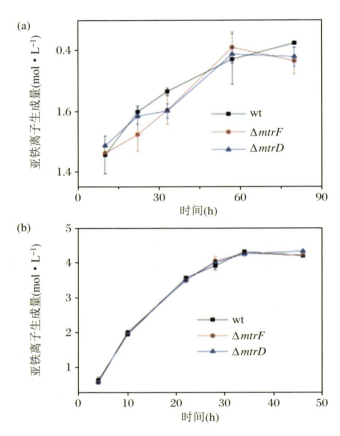

图 2.24　*Shewanella oneidensis* MR-1 野生型和突变株　ΔmtrD 和 ΔmtrF 对铁的 EDTA 钠盐(a)和柠檬酸铁(b)的还原

Shewanella oneidensis MR-1 野生型和突变株 ΔmtrD 和 ΔmtrF 对难溶性铁的还原结果如图 2.25 所示。从图 2.25(a)中可以看出,敲除 mtrD 和 mtrF 后,MR-1 对水合氧化铁的还原明显减弱,说明这两个基因在 MR-1 对水合氧化铁的还原途径上占据重要的地位。文献中也有敲除 mtrF 后 MR-1 还原水合氧化铁明显减弱的报道[30-31]。实际上,这些末端的亚铁血红素(terminal hemes)

有足够大的暴露面积来参与和铁表面的直接接触。此外,*mtrF* 可以和固体电子受体表面快速地交换电子,这一点已经通过蛋白膜伏安法(protein film voltammetry,PFV)得到证实[32]。但是也有报道称 *mtrD* 和 *mtrF* 的敲除促进了 MR-1 对水合氧化铁的还原[33]。同样令人费解的是,本实验中敲除 *mtrD* 和 *mtrF* 后,MR-1 对 α-氧化铁的还原增强了。尽管如此,实验结果还是再一次表明,当 MR-1 面对不同的电子受体时,即使是看似很相近的 Fe(Ⅲ),也有可能利用不同的电子还原途径,这显示了 MR-1 电子传递机制的多样性和复杂性。

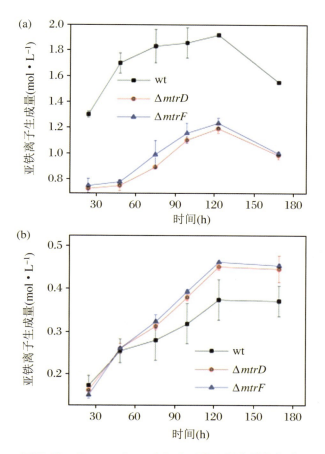

图 2.25 *Shewanella oneidensis* MR-1 野生型和突变株 Δ*mtrD* 和 Δ*mtrF* 对水合氧化铁(a)和 α-氧化铁(b)的还原

2.3.2.3 共存电子受体对铁还原的影响

表 2.4 所示的是在不同丙酮酸浓度下 MR-1 以硝酸根作为电子受体时的产率。从表中可以看出,当硝酸根存在时,MR-1 的产率明显要高于对照组,因此

就电子受体类型而言其应归为主动电子受体。

表 2.4　*Shewanella oneidensis* MR-1 以不同浓度丙酮酸为底物时的产率

电子供体 (丙酮酸/mmol·L^{-1})	产率 (g 蛋白/摩尔电子供体)	
	不含硝酸根	含硝酸根
10	3.30 ± 0.44	4.85 ± 0.39
20	1.83 ± 0.12	2.52 ± 0.03
30	1.85 ± 0.08	2.59 ± 0.04

图 2.26 中显示的是硝酸根共存对 MR-1 还原 α-氧化铁和水合氧化铁的影响。从图中可以看出,硝酸根的还原和这两种难溶性铁的还原是同时进行的,只是当硝酸根存在时,这两种铁的还原速率要稍微慢一些。图 2.27 是同样条件下

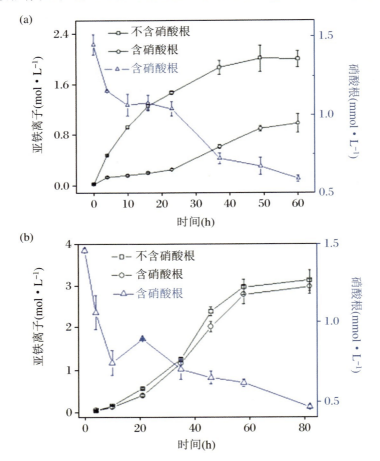

图 2.26　硝酸根共存对 *Shewanella oneidensis* MR-1 还原 α-氧化铁(a)和水合氧化铁(b)的影响

污染控制理论与应用前沿丛书
生物电化学系统的催化与污染转化过程

MR-1 对另外两种可溶性铁的还原情况。从图 2.26 和图 2.27 中可以看出，硝酸根对不同铁还原的影响差别很大。柠檬酸铁和铁的 EDTA 钠盐这两种可溶性铁并不是在硝酸根还原的同时开始还原的。恰恰相反，这两种铁只有在硝酸根浓度低于一定值时才开始还原。初始时亚铁离子浓度小幅增加是因为少量的这两种铁在厌氧条件下会缓慢还原，不过很快便达到平衡。

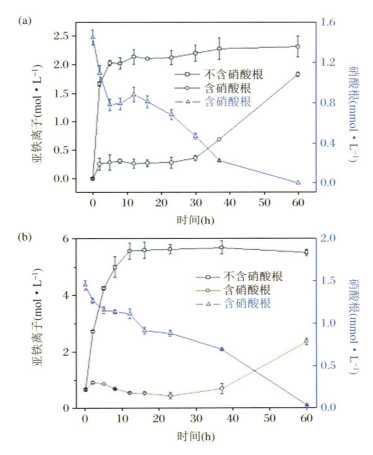

图 2.27　硝酸根共存对 *Shewanella oneidensis* MR-1 还原铁的
EDTA 钠盐(a)和柠檬酸铁(b)的影响

表 2.5 列出了不同电子对的标准还原电势。从表中可以看出不管硝酸根是还原到亚硝酸根还是氮气，其还原电势均是最高的。从化学反应热力学的角度来看，硝酸根相对于实验中其他电子受体而言更容易被还原，这在柠檬酸铁和铁的 EDTA 钠盐的还原实验中得到了验证（图 2.27）。这样的结果也再次验证了当两种可溶性铁作为电子受体时，MR-1 是通过氧化磷酸化的方式来获取能量的。当两种主动电子受体存在时，MR-1 为了获取更多的能量，会优先将胞内电子传递给还原电势高的电子受体。因此，只有当硝酸根浓度很低时，MR-1 才会

开始利用这两种可溶性铁作为胞外电子受体。从表 2.5 中我们还可以看出，水合氧化铁和 α-氧化铁无论相对于柠檬酸铁还是铁的 EDTA 钠盐，其还原电势均要低得多，按理说硝酸根浓度需要降到更低的程度，MR-1 才会开始还原这两种难溶性铁。然而事实上却是硝酸根和这两种难溶性铁是同时开始还原的。其原因恰恰是由于水合氧化铁、α-氧化铁和柠檬酸铁、铁的 EDTA 钠盐电子受体类型不同。当同时存在主动电子受体和电子沉积池时，由于能量代谢模式的不同，两类电子受体的还原顺序已经不适合通过还原电势来判断了。两种电子受体可以同时被还原。两种还原过程的还原力均来自底物，因此两者的还原过程存在底物竞争，这也是为什么硝酸根存在时难溶性铁还原变缓的原因。

表 2.5　不同电子对的标准还原电势

氧化还原对	$E_0'(\mathrm{mV}^{-1})$
Fe^{3+}-柠檬酸铁/Fe^{2+}-柠檬酸亚铁	372
$[Fe(EDTA)]^-$/$[Fe(EDTA)]^{2-}$	117
NO_3^-/NO_2^-	430
NO_3^-/N_2	~700
$\alpha\text{-}FeOOH/Fe^{2+}$	−274
$\beta\text{-}FeOOH/Fe^{2+}$	−88
$\alpha\text{-}Fe_2O_3/Fe^{2+}$	−287

2.3.2.4　电子受体对胞内电子媒介分泌的调控

有报道称 RF 可以促进 *Shewanella oneidensis* 对难溶性铁而非可溶性铁，如柠檬酸铁的还原。结合本章中其他由于 Fe(Ⅲ) 种类或电子受体类型不同带来的 MR-1 在生理特性上的改变，MR-1 胞内电子媒介的分泌水平可能会受到电子受体种类或类型的调控。图 2.28 和图 2.29 分别显示的是不同 Fe(Ⅲ) 电子受体对 MR-1 分泌胞内电子媒介 RF 和 FMN 的影响。可以看出，首先，当有 Fe(Ⅲ) 电子受体存在时，RF 和 FMN 的分泌均增强了。其次，在绝大多数情况下，当 Fe(Ⅲ) 浓度从 4 mmol · L^{-1} 增加到 8 mmol · L^{-1} 时，RF 和 FMN 的分泌再次增强。再次，Fe(Ⅲ) 浓度从 4 mmol · L^{-1} 增加到 8 mmol · L^{-1} 导致的对 RF 和 FMN 分泌的促进要弱于 Fe(Ⅲ) 浓度从 0 mmol · L^{-1} 增加到 4 mmol · L^{-1} 时导致的促进。最后，RF 和 FMN 的分泌并没有因电子受体类型而出现一定的规律，这可能是 Fe(Ⅲ) 选用浓度较高的缘故。

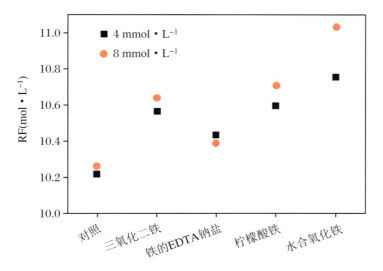

图 2.28　不同 Fe(Ⅲ)电子受体对 *Shewanella oneidensis* MR-1 胞内电子媒介 RF 分泌的调控

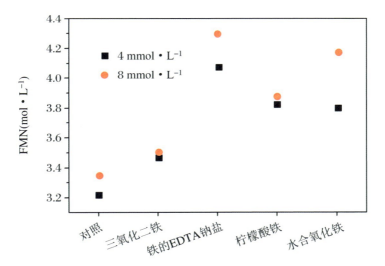

图 2.29　不同 Fe(Ⅲ)电子受体对 *Shewanella oneidensis* MR-1 胞内电子媒介 FMN 分泌的调控

2.4

电子传递在 MFC 中的拓展应用

2.4.1

MFC 等电化学体系的拓展应用

MFC 初期主要应用在两个方面：一是去除废水中包括木质素等难降解污染物在内的污染物；二是以电能的方式回收蕴藏在污染物中的化学能。因此，前期研究多集中在如何提高 MFC 的电能输出上。在这些研究的推动下，MFC 的输出功率确实大有提高，但是距离 MFC 产电的实际应用还有很长的路要走，其应用范围亟须拓展。在这样的背景下，出现了许多类似微生物脱盐池（microbial desalination cells，MDC）的 MFC 的"突变体"[21]。除了像 MDC 这种通过精心设计来实现其特殊功能外，MFC 等生物电化学体系的拓展应用更多地集中在产电的原位利用上，或是通过一些外加手段来强化其反应（或半反应，如阴极还原）。

下面将介绍生物电化学体系应用于地下水修复的案例。地下水中主要的污染物包括硝酸盐、重金属、高氯酸盐及其他含氯化合物。这些污染物在 MFC 的阴极均可以成功地被还原（相当于这些污染物的异位修复），为它们在地下水中的原位修复提供了理论依据。生物电化学体系应用于地下水修复的基本原理是：引入电极和电化学系统来促进地下微生物对污染物的还原。和之前 MFC 中去除这些污染物不同的是，在原位修复中微生物需要的电子并非来自底物，而是由外加的电路直接供给的。这样做的好处在于无需电子供体（有机物）的添加，省去了由此带来的储存运输以及二次污染等一系列问题，电子的利用效率也会增加，整个过程的操控将更加便捷[34]。比如，Aulenta 等在阴极加不同的偏压（-450 mV，-500 mV，-800 mV）成功地实现了对三氯乙烯（TCE）脱氯[18]，类似的手段被用来还原高氯酸盐和硝酸盐[35]。图 2.30 显示的是利用生物电化学体系来原位降解地下水中含氯化合物的示意图。首先，阴极微生物利用阴极传递过来的电子将氯化程度高的化合物初步脱氯；随后，在地下水流的作用下，（部分）脱氯后的化合物在阳极被彻底氧化成二氧化碳。MFC 产电的原位利用除了用于地下水修复外,还有望应用在温室气体二氧化碳的捕捉上,不过构建能够进行光合作用的 MFC,培养可以利用 CO_2 的自养微生物或藻类,难度比较大[36]。

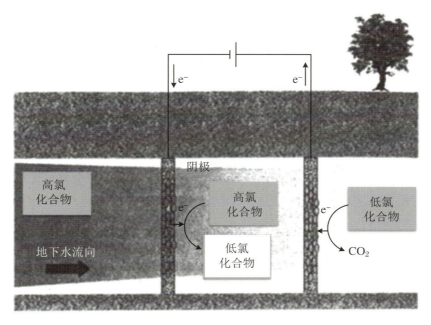

图 2.30　生物电化学体系原位处理地下水中含氯化合物的示意图

MFC 产电原位利用还包括驱动一些功率较小或供电难度较大的小型电子设备[37]。此外,由于 MFC 的产电输出和供其利用的可降解污染物浓度成一定的正比关系,因此 MFC 可以被用作生化需氧量的传感器,同时有利用 MFC 监测重金属,如铅、汞等有毒物质的报道,有些甚至已经实现了现场应用或商业化[38]。

2.4.2

MFC 与其他生物技术的耦合应用

这里我们主要讨论的是 MFC 和废水处理系统的集成应用。MFC 作为一种新型的废水处理技术拥有许多传统废水处理工艺不具备的优势,但是 MFC 作为独立处理工艺的条件尚未成熟。这是因为如果 MFC 将来真的应用于实际废水处理,人们更加关注的将是处理后的出水水质而非产电性能[39-40]。此外,直到现在也几乎没有关于 MFC 中除磷的报道。因此,如果将 MFC 出水直接排放的话,可能会无法满足出水水质的规定。为了更好地提升 MFC 的出水水质,可

以将膜生物反应器或生物接触氧化池作为 MFC 的后续工艺。膜生物反应器和
MFC 的耦合已经有报道,Cha 和 Liu 则将 MFC 体系引入到好氧污泥处理系统
中,回收曝气中的能量[21]。实际上,MFC 等生物电化学体系与废水处理体系耦
合可以有各种流程和方式,至于将其放置于废水处理体系的哪个位置,则需要深
入考虑阴、阳极微生物以及原有废水处理体系中微生物的代谢特点,毕竟反应体
系的耦合同时也意味着拥有不同生理特性的微生物的耦合。如 MFC 阴极产生
的碱度可以考虑用来调控厌氧消化反应器中的 pH,从而降低废水的处理成本。

除性能之外,实际废水处理还需要考虑成本的问题。实验室中常用的 MFC
电极材料有碳纸、碳布、碳毡、碳棒、石墨颗粒和网状玻璃碳等。相对而言碳毡和
石墨颗粒的成本要低一些,比表面积也要大一些。阴极除了电极材料之外,还需
要催化剂。Pt 是常用的阴极催化剂,但是其高昂的成本和在废水处理中容易失
活的特性,使其不可能应用于实际废水处理中。正因为如此,市面上出现了许多
催化性能相近的 Pt 替代品,如过渡金属的卟啉或酞菁类化合物[41-42]。当然,前
面提到的生物阴极也是一个不错的贵金属催化剂替代品,有望用在将来的实际
废水处理中。阴极室和阳极室之间的隔膜材料同样价格不菲,如最常用的
Nafion 膜成本约为 2500 美元/平方米,这对于实际废水处理而言显然是难以接
受的。因此急需找到价格比较低廉的替代品,目前报道的有阴离子交换膜、双极
膜以及超滤膜等,但是这些替代材料的成本还没有降到理想的程度[43-44]。也有
人质疑隔膜存在的必要性,无膜 MFC 开始出现并被广泛研究。Liu 和 Logan 在
研究中发现,MFC 去除膜材料之后的输出功率反而更高一些。无膜 MFC 面临
的主要问题是阴极氧气会扩散到阳极,造成系统的库仑效率(coulombic efficiency,
CE)较低。不过考虑到无膜 MFC 在成本上的巨大优势以及与有膜 MFC 相近
的电化学性能,人们在将来的实际废水处理中会优先考虑采用无膜 MFC。

参考文献

[1] YANG Y Y,WANG H,ZHENG Y,et al. Extracellular electron transfer
    of methylophilus methylotrophs[J]. Process Biochemistry,2020(94):
    313-318.

[2] ZHOU H H,ZHANG D W,ZHANG Y F,et al. Magnetic cathode stimulates
    extracellular electron transfer in bioelectrochemical systems[J]. ACS Sustainable
    Chemistry & Engineering,2019,7(17):15012-15018.

[3] ZHENG T W,LI J,JI Y L,et al. Progress and prospects of bioelectrochemical

systems: electron transfer and its applications in the microbial metabolism [J]. Frontiers in bioengineering and biotechnology, 2020, 8. DOI: 10.3389/fbioe.2020.00010.

[4] WANG J, ZHENG T L, WANG Q H, et al. A bibliometric review of research trends on bioelectrochemical systems[J]. Current Science, 2015, 109(12):2204-2211.

[5] DELGADO V P, PAQUETE C M, STURM G, et al. Improvement of the electron transfer rate in *Shewanella oneidensis* MR-1 using a tailored periplasmic protein composition[J]. Bioelectrochemistry, 2019, 129:18-25.

[6] REGUERA G, MCCARTHY K D, MEHTA T, et al. Extracellular electron transfer via microbial nanowires[J]. Nature, 2005, 435(7045):1098-1101.

[7] POGGENBURG C, MIKUTTA R, SANDER M, et al. Microbial reduction of ferrihydrite-organic matter coprecipitates by *Shewanella putrefaciens* and *Geobacter metallireducens* in comparison to mediated electrochemical reduction[J]. Chemical Geology, 2016, 447:133-147.

[8] MASA J, SCHUHMANN W. Electrocatalysis and bioelectrocatalysis: Distinction without a difference[J]. Nano Energy, 2016, 29:466-475.

[9] BAJRACHARYA S, VANBROEKHOVEN K, BUISMAN C J N, et al. Application of gas diffusion biocathode in microbial electrosynthesis from carbon dioxide[J]. Environmental Science and Pollution Research, 2016, 23(22):22292-22308.

[10] BACA M, SINGH S, GEBINOGA M, et al. Microbial electrochemical systems with future perspectives using advanced nanomaterials and microfluidics[J]. Advanced Energy Materials, 2016, 6(23). DOI: 10.1002/aenm.201600690.

[11] ASTORGA S E, HU L X, MARSILI E, et al. Electrochemical signature of escherichia coli on nickel micropillar array electrode for early biofilm characterization[J]. Chemelectrochem, 2019, 6(17):4674-4680.

[12] NAKHATE P H, JOSHI N T, MARATHE K V. A critical review of bioelectrochemical membrane reactor (BECMR) as cutting-edge sustainable wastewater treatment[J]. Reviews in Chemical Engineering, 2017, 33(2):143-161.

[13] LOGAN B E, HAMELERS B, ROZENDAL R A, et al. Microbial fuel cells: Methodology and technology[J]. Environmental Science & Technology,

2006，40(17)：5181-5192.

[14] HOWARD E C，HAMDAN L J，LIZEWSKI S E，et al. High frequency of glucose-utilizing mutants in *Shewanella oneidensis* MR-1[J]. Fems Microbiology Letters，2012，327(1)：9-14.

[15] FREGUIA S，VIRDIS B，HARNISCH F，et al. Bioelectrochemical systems：Microbial versus enzymatic catalysis[J]. Electrochimica Acta，2012，82：165-174.

[16] LU Z H，CHANG D M，MA J X，et al. Behavior of metal ions in bioelectrochemical systems：a review[J]. Journal of Power Sources，2015，275：243-260.

[17] BROWN R K，HARNISCH F，DOCKHORN T，et al. Examining sludge production in bioelectrochemical systems treating domestic wastewater[J]. Bioresource Technology，2015，198：913-917.

[18] RISMANI-YAZDI H，CHRISTY A D，CARVER S M，et al. Effect of external resistance on bacterial diversity and metabolism in cellulose-fed microbial fuel cells[J]. Bioresource Technology，2011，102(1)：278-283.

[19] BUTTI S K，VELVIZHI G，SULONEN M L K，et al. Microbial electrochemical technologies with the perspective of harnessing bioenergy：maneuvering towards upscaling[J]. Renewable & Sustainable Energy Reviews，2016，53：462-476.

[20] YUAN S J，HE H，SHENG G P，et al. A photometric high-throughput method for identification of electrochemically active bacteria using a WO_3 nanocluster probe[J]. Scientific Reports，2013，3. DOI：10.1038/srep.01315.

[21] WANG Y P，LIU X W，LI W W，et al. A microbial fuel cell-membrane bioreactor integrated system for cost-effective wastewater treatment[J]. Applied Energy，2012，98：230-235.

[22] WANG Y X，LI W Q，HE C S，et al. Active N dopant states of electrodes regulate extracellular electron transfer of *Shewanella oneidensis* MR-1 for bioelectricity generation：experimental and theoretical investigations[J]. Biosensors & Bioelectronics，2020，160. DOI：10.1016/j.bios.2020.112231.

[23] SILVA A V，EDEL M，GESCHER J，et al. Exploring the effects of bolA in biofilm formation and current generation by *Shewanella oneidensis* MR-1 [J]. Frontiers in Microbiology，2020，11. DOI：10.3389/fmicb.

2020.00815.

[24] ZHENG Z Y, XIAO Y, WU R R, et al. Electrons selective uptake of a metal-reducing bacterium *Shewanella oneidensis* MR-1 from ferrocyanide [J]. Biosensors & Bioelectronics, 2019, 142:111571.

[25] MADSEN C S, TERAVEST M A. NADH dehydrogenases Nuo and Nqr1 contribute to extracellular electron transfer by *Shewanella oneidensis* MR-1 in bioelectrochemical systems[J]. Scientific Reports, 2019, 9. DOI: 10.1038/S41598-019-51452-X.

[26] GAFFNEY E M, GRATTIERI M, BEAVER K, et al. Unveiling salinity effects on photo-bioelectrocatalysis through combination of bioinformatics and electrochemistry[J]. Electrochimica Acta, 2020, 337. DOI: 10.1016/j.electacta.2020.135731.

[27] FERNANDEZ V M, RUA M L, REYES P, et al. Inhibition of *Desulfovibrio-gigas* hydrogenase with copper-salts and other metal-Ions[J]. European Journal of Biochemistry, 1989, 185(2):449-454.

[28] MOEHLENBROCK M J, MEREDITH M T, MINTEER S D. Bioelectrocatalytic oxidation of glucose in CNT impregnated hydrogels: advantages of synthetic enzymatic metabolon formation[J]. ACS Catalysis, 2012, 2(1):17-25.

[29] ANDRES-LACUEVA C, MATTIVI F, TONON D. Determination of riboflavin, flavin mononucleotide and flavin-adenine dinucleotide in wine and other beverages by high-performance liquid chromatography with fluorescence detection[J]. Journal of Chromatography A, 1998, 823(1/2):355-363.

[30] COURSOLLE D, BARON D B, BOND D R, et al. The mtr respiratory pathway is essential for reducing flavins and electrodes in *Shewanella oneidensis*[J]. Journal of Bacteriology, 2010, 192(2):467-474.

[31] RICHTER K, SCHICKLBERGER M, GESCHER J. Dissimilatory reduction of extracellular electron acceptors in anaerobic respiration[J]. Applied and Environmental Microbiology, 2012, 78(4):913-921.

[32] CLARKE T A, EDWARDS M J, GATES A J, et al. Structure of a bacterial cell surface decaheme electron conduit[J]. Proceedings of the National Academy of Sciences of the United States of America, 2011, 108(23):9384-9389.

[33] BRETSCHGER O, OBRAZTSOVA A, STURM C A, et al. Current production and metal oxide reduction by *Shewanella oneidensis* MR-1 wild type and mutants (vol 73, pg 7003, 2007)[J]. Applied and Environmental Microbiology, 2008, 74(2):553-553.

[34] BAJRACHARYA S, SHARMA M, MOHANAKRISHNA G, et al. An overview on emerging bioelectrochemical systems (BESs): Technology for sustainable electricity, waste remediation, resource recovery, chemical production and beyond[J]. Renewable Energy, 2016, 98:153-170.

[35] GAL I, SCHLESINGER O, AMIR L, et al. Yeast surface display of dehydrogenases in microbial fuel-cells[J]. Bioelectrochemistry, 2016, 112: 53-60.

[36] DOPSON M, NI G F, SLEUTELS T H J A. Possibilities for extremophilic microorganisms in microbial electrochemical systems[J]. Fems Microbiology Reviews, 2016, 40(2):164-181.

[37] ZHANG F, TIAN L, HE Z. Powering a wireless temperature sensor using sediment microbial fuel cells with vertical arrangement of electrodes[J]. Journal of Power Sources, 2011, 196(22):9568-9573.

[38] CHANG I S, MOON H, JANG J K, et al. Improvement of a microbial fuel cell performance as a BOD sensor using respiratory inhibitors[J]. Biosensors & Bioelectronics, 2005, 20(9):1856-1859.

[39] CHA J, CHOI S, YU H, et al. Directly applicable microbial fuel cells in aeration tank for wastewater treatment[J]. Bioelectrochemistry, 2010, 78(1): 72-79.

[40] CHA J, KIM C, CHOI S, et al. Evaluation of microbial fuel cell coupled with aeration chamber and bio-cathode for organic matter and nitrogen removal from synthetic domestic wastewater [J]. Water Science and Technology, 2009, 60(6):1409-1418.

[41] ORTEGA G G, CRUZ V E R, REYES G U, et al. Biofilm formation on Titanium and titanium oxide and its characterization and electrochemical properties[J]. International Journal of Electrochemical Science, 2019, 14(11): 10162-10175.

[42] LIU C Q, SUN D Z, ZHAO Z Q, et al. Methanothrix enhances biogas upgrading in microbial electrolysis cell via direct electron transfer [J]. Bioresource Technology, 2019, 291. DOI:10.1016/j.biortech.2019.121877.

［43］ LI Z，HU L B，FU Q，et al. In situ formed graphene nanosheets enhance bidirectional electron transfer in bioelectrochemical systems［J］. Sustainable Energy & Fuels，2020，4(5):2386-2395.

［44］ LIU P P，LIANG P，BEYENAL H，et al. Overestimation of biofilm conductance determined by using the split electrode as the microbial respiration［J］. Journal of Power Sources，2020，453. DOI:10.1016/j.jpowsour.2020.227906.

第 —— **3** —— 章

碳纳米材料强化阳极催化

3.1

自组装碳纳米管水凝胶强化阳极催化

BES 在作为 MFC 以产电为目的应用时,由于产电能力不高、运行稳定性欠佳,而在实际应用中受到制约。为使该技术能够更加实用,很多研究者都试图探索 MFC 的限制因素以提高其产电能力,如研究微生物代谢[2]、质子交换膜[3]、电解质的外部和内部阻抗[4]、反应器构型、阴极氧气扩散和供给效率[5]等。在这些因素中,电子从细菌到阳极界面的传递被认为是提高电流和 MFC 效率至关重要的一步[6]。

在分子水平上修饰电极来增强电子在电极和氧化还原蛋白间传递的效率,是一种开发新的酶生物传感器或生物燃料电池的有效方法[7-8]。CNTs 因具有电催化性能好和尺寸小,并且和细胞色素 c、过氧化物酶等氧化还原蛋白的活性位点能够进行有效交流的特点,在生物电化学领域中成为了一种"明星"材料[9-10]。近年来,CNTs 已开始被应用于 MFC 的阳极材料。例如,用聚四氟乙烯将 CNTs/聚苯胺修饰在镍的泡沫材料表面,能够提高 MFC 的电流密度[11]。但 MFC 的能量输出也受到了限制,因为聚苯胺只有在酸性条件下才有氧化还原活性,当 pH<3 时,聚苯胺去质子化,在中性条件下却不能导电[12]。此外,聚四氟乙烯本身也不能导电。最新的研究表明,通过静电吸引作用将 CNTs 附着在直径为 3 mm 的玻碳电极上能够增强 MFC 的产电能力,但是这种 CNTs 属于薄层结构,因而在 MFC 的强腐蚀性和厌氧环境中不能保持稳定性能[13]。

因此,研发高效、生物兼容性好且稳定的纳米材料作为 MFC 阳极,有利于加速细菌-电极表面的电子传递过程,强化阳极的催化性能,进而提高 MFC 的产电能力。基于此,本节分析了 CNTs 水凝胶材料,并利用有异化金属还原能力的 *Shewanella oneidensis* MR-1 菌株,考察了其在 CNTs 上的催化作用过程。

3.1.1

自组装 CNTs 水凝胶强化阳极催化的研究方法

3.1.1.1 CNTs 水凝胶的自组装制备

采用电化学沉积修饰电极法将 CNTs 修饰到电极上。该方法使用壳聚糖作为黏合剂，使壳聚糖-CNTs 沉积到电极表面。壳聚糖的溶解性依赖于溶液的 pH，当 pH>6 时，壳聚糖由于氨基脱质子而析出；因此可以使用电化学方法，在壳聚糖-CNTs 混合液中将要负载 CNTs 的一极作为负极，加上 -3 V 直流电，H^+ 在负极上被还原为 H_2，使负极附近的 pH 升高，从而使壳聚糖与 CNTs 同时在电极表面析出。

称取 1 g 壳聚糖加到 100 mL 冰乙酸、氯化钾水溶液中，冰乙酸与氯化钾的浓度分别为 0.05 mol·L^{-1} 和 0.01 mol·L^{-1}，40 ℃ 水浴搅拌 1 h，得到电化学沉积所需的壳聚糖溶液，该溶液的 pH 约为 5.5。而壳聚糖-CNTs 溶液的配制则在上述壳聚糖溶液的基础上，每 100 mL 加入 0.5 g CNTs，超声处理 0.5 h 使 CNTs 充分分散在壳聚糖溶液中。

将碳纸裁剪为 $(3×3)$ cm^2 的小块，用导电凝胶粘上导线，作为空白电极。以空白电极为基础进行电化学沉积修饰。电化学沉积的条件如下：空白电极作为工作电极，Ag/AgCl 电极作为参比电极，Pt 丝作为对电极，通以 -3 V 直流电 10 min，沉积完毕后以蒸馏水浸泡洗涤数次，得到修饰的电极。

3.1.1.2 自组装 CNTs 水凝胶的表征

使用 SEM 对 CNTs 水凝胶电极进行观察。用 X 射线光电子能谱（XPS）对电极表面的官能团进行分析。使用 CHI660 电化学工作站进行循环伏安曲线的测量。CNTs 水凝胶修饰的碳纸电极作为工作电极，Ag/AgCl 作为参比电极，Pt 丝作为对电极的三电极体系，循环伏安扫描在 50 mmol·L^{-1} Na_2HPO_4 和 NaH_2PO_4 缓冲溶液（PBS）中进行，当 pH=7.0 时，电势范围为 -0.8~0.8 V，扫描速度（简称扫速）一定。在每一次电化学测量前都在溶液中鼓入 15 min 的 N_2 以降低溶液中的溶解氧含量。电化学阻抗谱（EIS）在 10 mmol·L^{-1} $K_3Fe(CN)_6$/

$K_4Fe(CN)_6$(体积比为 1∶1)和 0.1 mol·L^{-1} KCl 溶液中进行,扰动信号为 5 mV。

3.1.1.3　MFC 启动和接种

将电极与稳压器连接,电位设定为 -0.1 V,构建双室电化学池。每个腔室的体积为 80 mL,顶空体积为 20 mL。使用质子交换膜将两室隔开。CNTs 水凝胶修饰的碳纸用作阳极,而未处理的碳纸用作空白对照实验。Ag/AgCl 参比电极用丁基橡胶固定在阳极室。未处理的碳纸[(3×3)cm^2]用作对电极,阴极室用 50 mmol·L^{-1} $K_3Fe(CN)_6$、50 mmol·L^{-1} PBS 缓冲溶液填充。电流直接用恒电位仪进行记录,采样间隔为 45 s。

使用单室 MFC 评估了修饰电极的产电能力。用负载量为 0.05 mg·cm^{-2}的 Pt 碳布作阴极,外电阻为 1000 Ω。电压直接由数据采集系统每隔 10 min 进行采集。在不同负载电阻下获得了极化曲线,同时也可计算功率,$P = IV$。在每个负载下,MFCs 都至少运行 1 h 来确定达到稳定的能量输出。能量密度是将能量与阳极电极面积进行归一化处理所得。

MFCs 使用实验室中的厌氧产甲烷反应器中的混合菌种接种。MFCs 中的营养培养基包括(1 L 含量,50 mmol·L^{-1} PBS,pH 为 7.0):CH_3COONa,1000 mg;NH_4Cl,310 mg;KCl,130 mg;$CaCl_2$,10 mg;$MgCl_2$·$6H_2O$,20 mg;NaCl,2 mg;$FeCl_2$,5 mg;$CoCl_2$·$2H_2O$,1 mg;$MnCl_2$·$4H_2O$,1 mg;$AlCl_3$,0.5 mg;$(NH_4)_6Mo_7O_{24}$,3 mg;H_3BO_3,1 mg;$NiCl_2$·$6H_2O$,0.1 mg;$CuSO_4$·$5H_2O$,1 mg;$ZnCl_2$,1 mg。当电势降至 30 mV 以下时,更换电解质溶液[5]。

3.1.2

自组装 CNTs 水凝胶强化阳极催化的机理解析

3.1.2.1　自组装 CNTs 水凝胶的制备与表征

在粗糙的碳纸表面组装 CNTs 水凝胶的方法是基于前人在模板表面组装壳聚糖水凝胶的报道[14]。在施加 -3 V 的电压时,CNTs 溶胶中的 H^+ 会被还原为 H_2,同时由于阴极表面的电势升高,导致壳聚糖形成 pH 依赖的溶胶-凝胶过程而出现电沉积。在这个过程中,产生的 H_2 因扮演动态模板的角色而形成大孔的 CNTs 水凝胶,如图 3.1 所示。

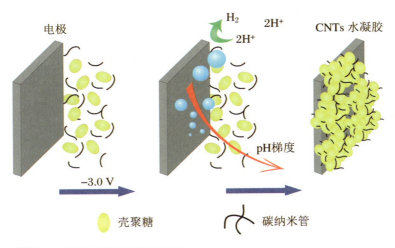

图 3.1　CNT 水凝胶组装示意图

水凝胶的厚度约为 3 mm,将其置于蒸馏水中 1 周,结构都不会发生大的变化;将其置于空气中,则在一天之内就会脱水。SEM 图显示碳纸表面的 CNTs 有着光滑的表面结构,同时 CNTs 水凝胶没有明显的聚集,这表明电沉积所得到的水凝胶相对比较均匀(图 3.2)。

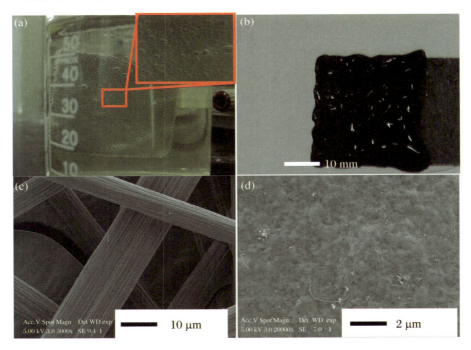

图 3.2　制备 CNTs 水凝胶的过程照片(a);CNTs 水凝胶(b);碳纸的 SEM(c);CNTs 水凝胶的 SEM(d)

采用 XPS 分析了修饰后的碳纸表面的官能团。碳纸在用 CNTs 水凝胶修饰后能明显地观测到 O 1s 发射峰(图 3.3)。通过对 C 1s 的分析详细给出了电极表面的官能团信息。从图 3.4 中可以看出,C 1s 存在一个不对称的 sp^2 杂化峰,其中心位于 284.5 eV,在高能量区有一个拖尾,这种不对称峰出现在所有 sp^2 杂化的类石墨的碳中。以这个不对称峰作为参照,CNTs 水凝胶的 C 1s 峰,依次对应于 C—N 或 C—OH[(286.2±0.1) eV]和 C=O[(287.8±0.2) eV][15]。

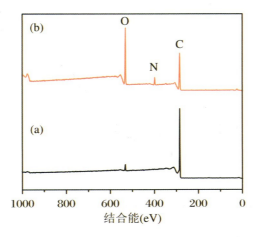

图 3.3　XPS 全谱分析:碳纸(a);CNTs 水凝胶(b)

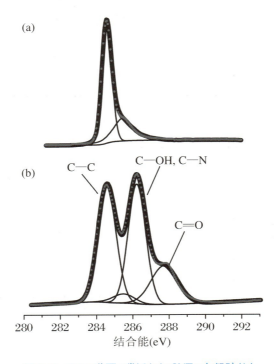

图 3.4　C 1s 谱图:碳纸(a);CNTs 水凝胶(b)

3.1.2.2　CNTs 水凝胶电极上的电子传递动力学过程

以 Fe(CN)$_6^{3-/4-}$ 作为研究电子探针,测定了两种不同电极的 EIS,如图 3.5(a)所示。EIS 结果表明,这两个样品均在高频范围内有一个明显的半圆,而在低频

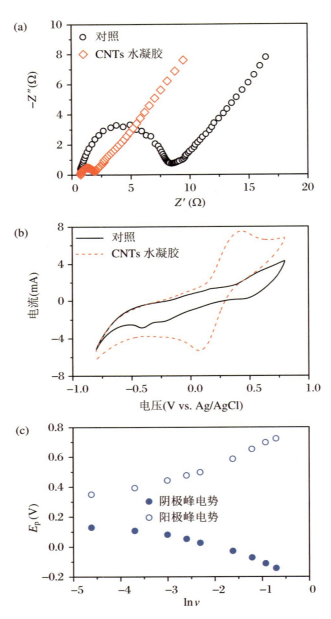

图 3.5　两种电极材料的 EIS(a);CV 曲线(b);CNTs 水凝胶 CV 的峰电势 vs.扫描速度的对数(c)

污染控制理论与应用前沿丛书
生物电化学系统的催化与污染转化过程

范围内则为短直线。半圆的直径代表了界面电荷转移阻抗，即电极上发生的电化学反应的阻抗。R_{ct} 越小，表明电子转移速率越快。CNTs 水凝胶附着在碳纸表面后 R_{ct} 明显减小，表明 CNTs 是种非常好的电极材料，能够加快电子传递。以上表明 CNTs 水凝胶的大孔结构能够提高电子传递速率，意味着水凝胶是提高微生物胞外电子传递速率的理想材料。

为了进一步探究 CNTs 水凝胶修饰的碳纸上的电子传递动力学，在 50 mmol · L^{-1} PBS(pH 为 7.0)中进行循环伏安(CV)扫描。未经修饰的碳纸电极在 $-0.8 \sim 0.8$ V 电势范围内没有氧化还原响应[图 3.5(b)]。CNTs 水凝胶修饰后的电极观测到一对氧化还原峰，表明了近可逆或准可逆的电子传递机理。电势扫描速度对 CNTs 水凝胶的循环伏安曲线有影响。Laviron 模型用来评估表面反应的电子传递速率 k_s[16]：

$$E_{pc} = E^{o'} + \frac{RT}{\alpha nF}\ln\frac{RTk_s}{\alpha nF} - \frac{RT}{\alpha nF}\ln\nu \tag{3.1}$$

$$E_{pa} = E^{o'} + \frac{RT}{(1-\alpha)nF}\ln\frac{(1-\alpha)nF}{RTk_S} + \frac{RT}{(1-\alpha)nF}\ln\nu \tag{3.2}$$

式中，α 为电子转移系数，ν 为扫描速度，$E^{o'}$ 为标准电势，E_p 为低扫描速度下阴极和阳极峰电势的中点。在高扫描速度下，E_p 对 $\ln\nu$ 为直线，方程如下：

$$E_{pc} = -0.1995 - 0.0961\ln\nu \tag{3.3}$$

$$E_{pa} = 0.8009 + 0.1261\ln\nu \tag{3.4}$$

根据上述方程可知，由 CV 测量算出阴极反应的 k_s 值为 0.1 s^{-1}，而阳极的该值为 0.09 s^{-1}，这表明在还原过程和氧化过程中的速率决定步骤可能不同。对于 MFC 的生物阳极来说，电子从细菌向电极的传递速率为主要的限制步骤。有趣的是，在这个阳极反应中得到的 k_s 值与吸附在电极上的生物电子媒介如核黄素、苯醌等的测量值接近[17]。这些结果证明，CNTs 水凝胶能够促进电子在溶液/电极界面间的传递速度，从而能够成为 MFC 的高效阳极。

3.1.2.3　CNTs 水凝胶在微生物产电中的行为

CNTs 水凝胶有着稳定的电化学表现。为了评估特定条件下 CNTs 水凝胶修饰电极的微生物产电能力，将目标电极(阳极)作为工作电极并用恒电位仪施加 -100 mV(vs. Ag/AgCl)的恒定电压。由于 CNTs 水凝胶的生物兼容性，在接种 20 h 后，CNTs 水凝胶修饰的阳极电流密度就开始增长，相对于碳纸电极增长速度更快且能够达到更高的值(500 mA · m^{-2})，如图 3.6 所示。本研究方法中所获的电流密度远高于 Peng 等将 CNTs 附着在碳电极表面并用高电压极化所得到的电流密度[13]。因此,生物兼容性的 CNTs 水凝胶能够促进生物膜的形成和提高产电能力。

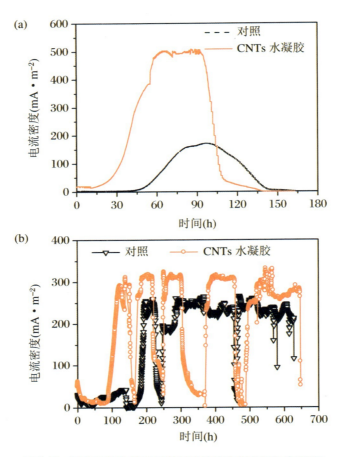

图 3.6　恒定阳极电势下两种材料的产电行为(a);在 MFC 中两种材料的产电行为(b)

　　为了进一步考察其作为电极材料的产电能力,将两种不同的电极材料作为 MFC 的阳极。由图 3.6(b)可以看出,使用了 CNTs 水凝胶修饰的电极的 MFC 在 90 h 电流急剧增长,而对照 MFC 则在 100 h 后才开始增长。在未优化时,使用 CNTs 水凝胶电极的 MFC 的电流密度(外阻 1000 Ω)能够稳定在 320 mA・m^{-2},而空白对照的 MFC 只能达到 260 mA・m^{-2}。前者的开路电压能够达到 566 mV,而后者却只能达到 480 mV(图 3.7)。CNTs 水凝胶修饰的阳极 MFC 最大功率密度为 132 mW・m^{-2},远高于 Qiao 等[11]使用 20% CNTs/聚苯胺作为阳极所获得的功率密度。

　　细胞色素 c 由于在呼吸电子传递过程中在细胞表面占据独特位置,广泛被认为在将电子从细胞表面传递到固体矿物或电极的电子传递过程中起着重要作

污染控制理论与应用前沿丛书
生物电化学系统的催化与污染转化过程

用[18-19]。由于细菌和 CNTs 的直接接触,能够增强细胞色素 c 和 CNTs 之间的接触,从而促进了细菌/电极界面间的电子传递,使得以 CNTs 水凝胶为阳极的MFC 有最高的电流和功率密度。另外,CNTs 上的苯醌结构也是氧化还原媒介(图 3.8)。Van der zee F P 等在 2002 年的报道中曾利用活化后的富含苯醌结构的碳材料通过加强微生物细胞外电子传递速率而进行降解染料[20]。苯醌和对苯二酚结构含量的增加对 CNTs 水凝胶阳极的 MFC 电流和功率密度的提高也起着重要作用。为了检测阳极材料的稳定性,我们将有生物膜的电极经过高温灭菌后,重新启动 MFC,其性能依然很好,说明这种材料很稳定且有实际应用前景(图 3.9)。

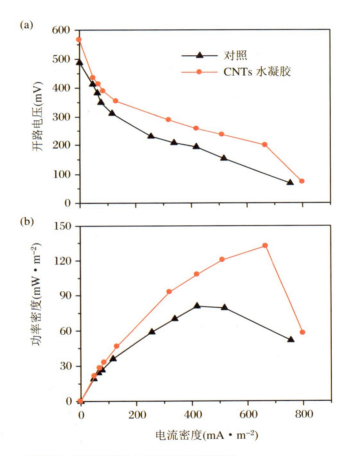

图 3.7　极化曲线(a);功率密度曲线(b)

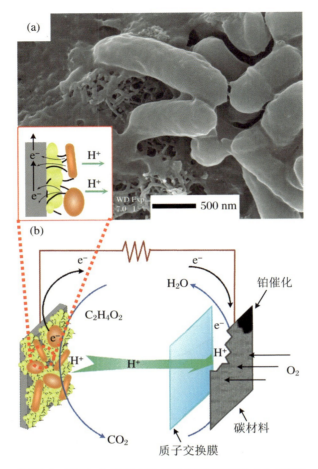

图 3.8　CNTs 水凝胶上生物膜的 SEM 照片(a);CNTs
水凝胶 MFC 原理图(b)

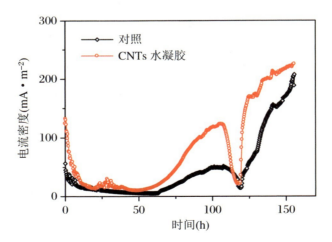

图 3.9　CNTs 水凝胶 MFC 重新启动

3.2

自组装碳纳米管网络结构电极强化阳极催化

3.2.1

自组装碳纳米管网络结构电极强化阳极催化的研究方法

3.2.1.1 CNTs 网络结构电极的制备

我们采用电泳方法将 CNTs 修饰到电极上。该方法使用十六烷基三甲基溴化铵作为表面活性剂，将 CNTs 和十六烷基三甲基溴化铵一起在四氢呋喃（THF）中超声分散。由于季铵盐的长链烷基与 CNTs 之间的范德华相互作用，以及铵根离子与处理过的 CNTs 表面的 C＝O、—COOH 的氢键作用，使得 CNTs 与表面活性剂的阳离子紧密结合而带上正电荷。以两个空白碳纸分别作为工作电极和对电极，在直流电场的作用下，CNTs 向负极迁移，进而沉积在碳纸的表面。其原理如图 3.10 所示。

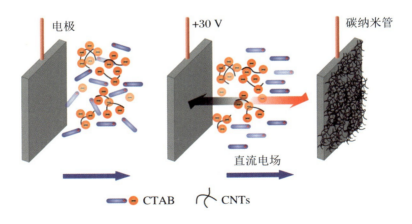

图 3.10　CNTs 网络结构电极制备示意图

称取 10 mg 处理过的 CNTs 和 168.5 mg 十六烷基三甲基溴化铵,加入 25 mL 的 THF,超声分散 30 min;然后在 10000 r·min^{-1}下离心分离 15 min,弃去上清液;加入 25 mL THF 再次超声分散 1 h[21]。

将碳纸裁剪为(3×3)cm^2 的小块,用导电凝胶粘上导线,作为空白电极。以空白电极为基底进行电泳沉积修饰。电泳条件如下:以两个空白电极分别作为工作电极和对电极,电极距离约为 5 mm,平行放置,通以 30 V 直流电 10 min,沉积完毕后以蒸馏水浸泡洗涤数次,得到修饰电极。

3.2.1.2　CNTs 网络结构电极的表征

方法见 3.1.1.2 节的内容。

3.2.1.3　细菌培养

实验时,首先对 *Shewanella oneidensis* MR-1 野生型和突变株菌种扩大培养。将 100 μL *Shewanella oneidensis* MR-1 菌种接种在 100 mL 经高压蒸汽灭菌后的 LB 培养基中,由酵母粉和蛋白胨作为 *Shewanella oneidensis* MR-1 的电子供体。其中 LB 培养基中含有 NaCl 5 g·L^{-1}、酵母粉 5 g·L^{-1}、蛋白胨 10 g·L^{-1}。在 30 ℃恒温摇床中摇晃 12 h,至细菌达到稳定期的初期。然后将菌种转移到厌氧 *Shewanella oneidensis* MR-1 基础培养基中。培养基含有(每升)10 mmol·L^{-1} Hepes,0.46 g NH$_4$Cl,0.225 g K$_2$HPO$_4$,0.225 g KH$_2$PO$_4$,0.117 g MgSO$_4$·7H$_2$O,和 0.225 g (NH$_4$)$_2$SO$_4$。然后每升加入 10 mL 的矿物元素混合液。矿物元素混合液中含有(每升)1.5 g 氮三乙酸,0.1 g MnCl$_2$·4H$_2$O,0.3 g FeSO$_4$·7H$_2$O,0.17 g CoCl$_2$·6H$_2$O,0.1 g ZnCl$_2$,0.04 g CuSO$_4$·5H$_2$O,0.005 g AlK(SO$_4$)$_2$·12H$_2$O,0.005 g H$_3$BO$_3$,0.09 g Na$_2$MoO$_4$,0.12 g NiCl$_2$,0.02 g NaWO$_4$·2H$_2$O 和 0.10 g Na$_2$SeO$_4$。通过加入氢氧化钠或盐酸的方式将培养基的 pH 调至 7。将 15 mmol·L^{-1}的乳酸钠溶液作为 *Shewanella oneidensis* MR-1 的电子供体[22]。LB 培养基和厌氧 *Shewanella oneidensis* MR-1 基础培养基在使用之前均在 112~115 ℃高压灭菌 30 min。

3.2.1.4　三电极恒电位体系的搭建

为了简化反应体系,屏蔽阴极的影响,实验采用恒电位技术。通过恒电位仪的微小调控以及以 Pt 丝作为对电极，Ag/AgCl 电极作为参比电极和工作电极组成的三电极体系，使得电解池中的工作电极维持一个恒定的电势。电解池是容积约为 55 mL 的玻璃容器，主要包括可以固定插入 3 个电极的塞子和一个带有橡胶塞的颈。反应器构造如图 3.11 所示。电极电位通过 8 通道恒电位（CHI 1030A，上海晨华公司）进行控制。

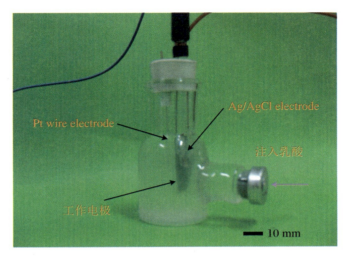

图 3.11　恒定电势实验用电解池

3.2.1.5　DFT 计算方法

对构建的无规则晶胞进行晶胞弛豫，因为分子可能不是等价地分布在晶胞中，会形成真空区，因此选择适合于卟啉铁的 cvff 力场，采用能量最小化来矫正并优化晶胞，然后以 0.1 fs 的时间步长用分子动力学模拟来平衡晶胞。采用 NVT 系综（等物质的量，等体积，等温）在 298 K 条件下的分子动力学模拟，Ewald 加和方法[23] 被用来计算非键的相互作用（静电作用和范德华作用），精度为 0.01 kcal·mol^{-1}。所有的分子动力学计算都可用软件 Materials studio 完成。

3.2.2

自组装碳纳米管网络结构电极强化阳极催化的机理解析

3.2.2.1　CNTs 网络结构电极的表征

为了分析细菌/CNTs 界面间的相互作用,首先利用电泳沉积方法在粗糙的碳纸电极表面构建三维 CNTs 网络结构,该方法能够保证电极表面被牢固覆盖[21]。通过 SEM 图来比较修饰 CNTs 前后碳纸电极表面的变化:修饰前能看到碳纸上的石墨纤维表面极其光滑,电泳之后就可以看见这些纤维被 CNTs 覆盖。电极上的沉积非常均匀,并且能观察到纳米尺寸的孔状结构,表明形成了分层的多孔三维结构(图 3.12)。

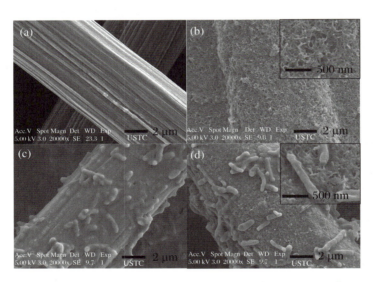

图 3.12　SEM 图:碳纸(a);CNTs 修饰碳纸(b);碳纸上的生物膜(c);
CNTs 上的生物膜(d)

接下来,用 Raman 光谱分析 CNTs 修饰电极的表面结构。由图 3.13 可以看出,修饰后电极由于缺陷引起的 $1320 \ cm^{-1}$ 处峰明显增强[24]。这些缺陷主要是由于含氧官能团的引入造成的。XPS 元素分析了修饰后的碳纸表面的官能团。碳纸在用 CNTs 修饰后能明显地观测到 O 1s 发射峰(图 3.14)。而通过 C 1s 分析可知,CNTs 电极上的 3 个高斯-洛伦兹形状的峰(图 3.15)依次对应于

污染控制理论与应用前沿丛书
生物电化学系统的催化与污染转化过程

C—N 或 C—OH[(286.2±0.1) eV]和 C=O[(287.8±0.2) eV][25]。

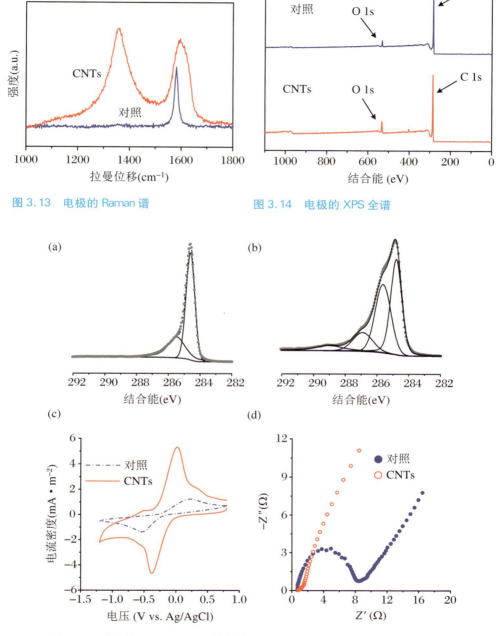

图 3.13 电极的 Raman 谱   图 3.14 电极的 XPS 全谱

图 3.15 碳纸的 C 1s(a);CNTs 修饰碳纸的 C 1s(b);两种材料的 CV(c);EIS(d)

为了考察电极修饰前后的电化学性能,以 $Fe(CN)_6^{3-/4-}$ 为探针,分析其 CV 与 EIS 的性能。从图 3.15 中可以看出,修饰之后峰电流明显提高,而极化电阻也明显降低。

图 3.16(a)和图 3.16(b)分别是空白电极和制备好的电泳 CNTs 电极在铁氰化钾溶液中扫描后得到峰电势 E_p 对扫描速度 v 的对数所作的图。随着扫描速度的增加,还原峰和氧化峰的峰电流在不断增加,还原峰和氧化峰的峰电势之差也在不断增大。这说明了扫描速度对电极的 CV 响应是有影响的。另外可以发现,随着扫描速度增加,阴极的峰电势 E_{pc} 向负方向增长。在扫描速度较低的情况下(小于 500 mV·s^{-1}),E_{pc} 呈现缓慢负增长;当扫描速度较高时,E_{pc} 则有非常明显的负增长。阳极的峰电势 E_{pa} 随着扫描速度的增加向正方向增长,与阴极的峰电势变化规律类似。当扫描速度小于 500 mV·s^{-1} 时,增长的速度较慢;当扫描速度较高时,增长变得相当明显。这表明在高扫描速度时电极反应变为电化学不可逆。对于不可逆的电极反应,峰电势和扫描速度遵循 Laviron 方程[16]。计算可知反应中空白的电子传递速率 k_s 为 0.2237 s^{-1},电泳 CNTs 电极的电子传递速率 k_s 为 0.7789 s^{-1},是空白电极的电子传递速率的 3.4 倍,为电泳 CNTs MFC 较高的输出功率提供了佐证。

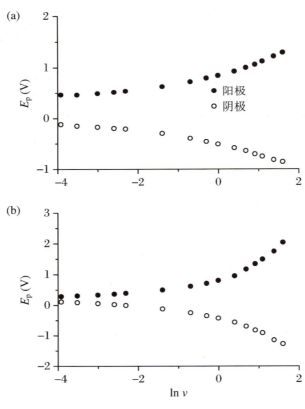

图 3.16 CV 的峰电势 vs. 扫描速度的对数:碳纸(a);
CNTs 修饰碳纸(b)

污染控制理论与应用前沿丛书
生物电化学系统的催化与污染转化过程

3.2.2.2　细菌在 CNTs 网络结构电极界面的产电作用

以 *Shewanella oneidensis* MR-1 作为模式微生物，评估了 CNTs 电极对微生物产电的影响。在单室、三电极体系中投以乳酸盐作为碳源和电子供体来检测电子从 *Shewanella oneidensis* MR-1 到 CNTs 网络结构的传递。在此体系中，CNTs 修饰的碳纸作为工作电极，Pt 作为对电极，而 Ag/AgCl 用作参比电极。相对于 Ag/AgCl，工作电极电位为 0.1 V，并维持 12 h 以上来使微生物附着在电极上。达到稳定之后，加入 1 mL 高浓度的乳酸盐溶液到三电极体系中使得其终浓度为 10 mmol·L^{-1}。以碳纸作为对照，电流密度能达到 0.26 mA·m^{-2}，而使用 CNTs 网修饰的碳纸电极体系，电流密度能够高达 2.65 mA·m^{-2}，这极大提高了生物阳极性能。20 h 后电流开始下降，但在第 2 次注入乳酸盐后迅速恢复，表明修饰后的电极性能稳定（图 3.17）。

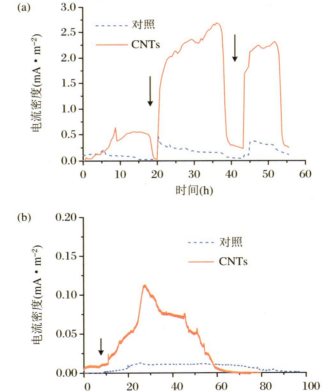

图 3.17　恒定电势下的产电曲线：*Shewanella oneidensis* MR-1(a)；$\triangle omcA/mtrC$(b)

使用阴极充满 $Fe(CN)_6^{3-}$ 的双室 MFC 来评估 CNTs 网作为阳极的性能。如图 3.18 所示，在负载电阻为 $100\ \Omega$ 条件下，使用 CNTs 做阳极的 MFC 电流密度达到 $0.29\ mA \cdot m^{-2}$，明显高于碳纸阳极的 MFC（$0.09\ mA \cdot m^{-2}$）。为了进一步表征 *Shewanella oneidensis* MR-1 的细胞色素 c 和 CNTs 之间的作用机理，利用 CV 分析了在厌氧、不含乳酸盐条件下 *Shewanella oneidensis* MR-1 和 $\triangle omcA/mtrC$ 突变株生物膜，如图 3.19 所示。在分析前，所有的 *Shewanella oneidensis* 细胞都在正电位电极上达到平衡，以耗尽本身的电子受体并促进附着。与玻碳上的生物膜相比，*Shewanella oneidensis* MR-1 和 $\triangle omcA/mtrC$ 突变株在 CNTs 上形成的生物膜产生的电流有非常明显的增长。

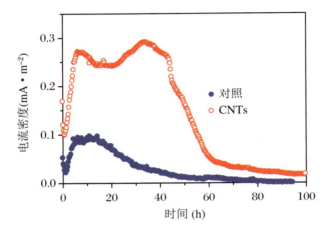

图 3.18　MFC 的产电曲线

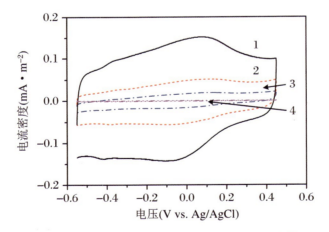

图 3.19　CV：CNTs 上的 *Shewanella oneidensis* MR-1 (1)，CNTs 上的 $\triangle omcA/mtrC$ (2)，玻碳上的 *Shewanella oneidensis* MR-1 (3)，玻碳的 $\triangle omcA/mtrC$ (4)

污染控制理论与应用前沿丛书
生物电化学系统的催化与污染转化过程

对于 CNTs 上的 *Shewanella oneidensis* MR-1 形成的生物膜，氧化还原电流比同等半波电势条件下在玻碳上形成的生物膜的电流值高。这一观察结果与 CNTs 能增强微生物产电电流的结论相吻合。相反，对于 $\Delta omcA/mtrC$，电流的增加并不明显。

3.2.2.3　CNTs 网络结构与细菌相互作用的机理分析

众所周知，*Shewanella oneidensis* MR-1 能产生在细胞和固体电子受体间充当氧化还原介体的核黄素类物质。在考察核黄素是否扮演电子穿梭体角色的过程中，发现 CNTs 比玻碳对核黄素的电化学响应略高一点，而 CNTs 网络电极相对于普通的碳材料，产电性能可以提高 10 倍。两种电极材料在核黄素中的 CV 曲线如图 3.20 所示。

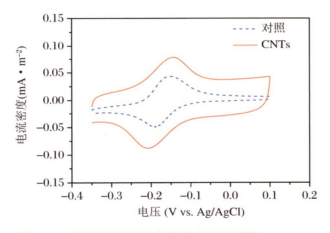

图 3.20　两种电极材料在核黄素中的 CV 曲线

基于上述实验结果和前人的报道，我们提出胞外细胞色素 c 与 CNTs 相互作用的示意图（图 3.21）。细胞色素 MtrC 和 OmcA 分布在外膜的表面，它们能直接参与到电子传递到胞外固体电子受体如 Fe(Ⅲ)矿物，或是胞外电子穿梭体的过程中。由于 CNTs 的尺寸效应，细胞色素和 CNTs 的活性位点间的直接作用更加方便。另外，XPS 证实 CNTs 网表面富含氧化还原官能团，这对于加速电子在细菌/电极表面传递起关键作用，进而使得 CNTs 网络生物阳极 MFC 的性能大大提高。*Shewanella oneidensis* MR-1 分泌的氧化还原媒介通常处于低浓度水平（$\mu mol \cdot L^{-1}$ 或 $nmol \cdot L^{-1}$）[17]。它能加速电子传递，从而催化电子在较低的外加电压下传递。然而，CNTs 网络观测的氧化还原电流和碳纸上的电流大小仍是同一数量级。这说明 CNTs 和生物膜的直接接触是 CNTs 网上微生物产生电流机理中的重要步骤。$\Delta omcA / mtrC$ 突变株的持续电子传递速率受到严重阻碍,但是也能以相似的方式附着在电极上。此实验中 $\Delta omcA / mtrC$ 产生的阳极电流主要是由于 CNTs 和未知蛋白相互接触的结果。

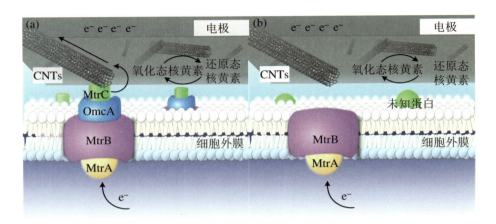

图 3.21　CNTs 与胞外细胞色素 c 相互作用示意图:*Shewanella oneidensis* MR-1 与 CNTs(a);$\Delta omcA / mtrC$ 与 CNTs (b)

3.2.2.4　CNTs 网络结构与细菌相互作用过程的 DFT 计算

为了进一步解析 CNTs 与细胞色素 c 直接作用的机理,利用 DFT 进行计算。图 3.22 表示从细胞色素 c 到电极上修饰的 CNTs 之间的电子传递过程,该细胞色素 c 来自 *Shewanella*,由于电子传递过程中电子给体是卟啉铁结构的中心 Fe^{2+},因此计算过程中主要对卟啉铁与 CNTs 之间的相互作用进行研究。

细胞色素 c 的中心结构卟啉铁配合物如图 3.22 所示,将构建的电子给体(卟啉铁)与电子受体(石墨或 CNTs)结构进行能量最小化与分子动力学晶胞弛豫,得到如图 3.23 所示的电子传递前后最稳定的结构。

从图 3.24 中可以看出,卟啉铁结构 Fe 中心几乎呈现平面结构,研究发现,在与石墨或 CNTs 相互作用的过程中,中心结构平面发生扭曲(图 3.24)。表 3.1 中列出了作用前后卟啉铁分子部分几何参数以及 Fe 与碳材料结构之间的最短距离。

当卟啉铁结构与石墨或者 CNTs 相互作用时,从表 3.1 中 N1—Fe—N3 和 N2—Fe—N4 键角的变化可以看出平面结构发生扭曲,使得电子给体 Fe^{2+} 中心更加接近电子受体,缩短了电子传递距离。但是还原态的卟啉铁结构与石墨结构相互作用时,Fe—C 之间的距离为 17.223 Å,而与 CNTs 相互作用时,距离只有 3.902 Å,这证明实验中得到的结果,即 CNTs 修饰的电极更有利于电子给体

污染控制理论与应用前沿丛书
生物电化学系统的催化与污染转化过程

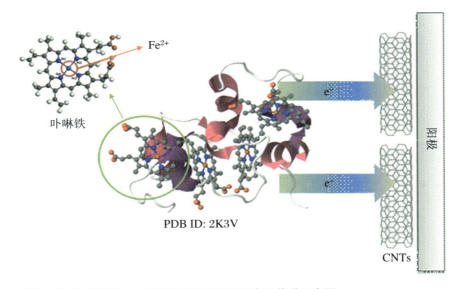

图 3.22　细胞色素 c 与 CNTs 修饰电极间的电子传递示意图

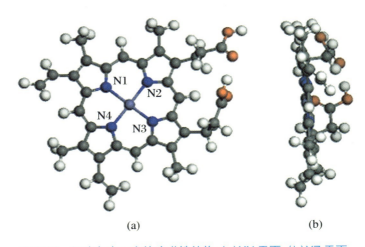

图 3.23　细胞色素 c 中的卟啉铁结构：(a)XY 平面；(b)YZ 平面

与受体之间的相互作用，从而更有利于电子传递。

电子传递过程中体系的相互作用能（ΔE_{inter}）理解为还原态的卟啉铁结构接近碳材料表面，传递一个电子过程，体系整体的能量变化，公式如下：

$$\Delta E_{inter} = E_{total}\big[\mathrm{Cyt}(\mathrm{Fe}^{3+})\big] - E_{total}\big[\mathrm{Cyt}(\mathrm{Fe}^{2+})\big] \qquad (3.5)$$

表 3.2 的计算结果显示 $\Delta E_{inter} < 0$，表明传递电子使得两种体系的能量都下降，说明一旦细胞色素 c 的核心结构卟啉铁接近碳材料电子受体表面时就很容易传出电子。而且与 CNTs 相互作用时，$|\Delta E_{inter}| = 8.367\ \mathrm{kcal \cdot mol^{-1}}$ 更大，表明与普通的石墨结构相比，CNTs 结构更有利于接受来自卟啉铁结构中心 Fe^{2+} 的电子，这与几何结构分析结果相符，也与实验结论一致。

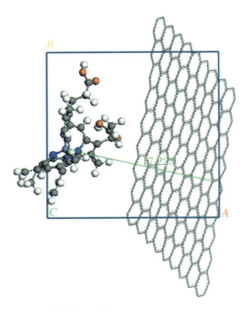

(a) Cyt-Grp (Fe^{2+})
a=17.0668 Å, b=17.0700 Å, c=17.0636 Å,
$\alpha=\beta=\gamma=90°$

(a) Cyt-Grp (Fe^{3+})
a=17.0668 Å, b=17.0700 Å, c=17.0636 Å,
$\alpha=\beta=\gamma=90°$

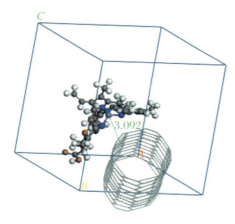

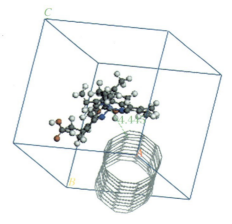

(c) Cyt-CNT (Fe^{2+})
$a=b=c$=17.1123 Å, $\alpha=\beta=\gamma=90°$

(d) Cyt-CNT (Fe^{3+})
$a=b=c$=17.1123 Å, $\alpha=\beta=\gamma=90°$

图 3.24　卟啉铁结构与石墨或 CNTs 相互作用时能量最低点对应的结构

表 3.1　卟啉铁结构与石墨或 CNT 相互作用体系中部分几何参数

体系	Fe—C(Å)	N1—Fe—N3(°)	N2—Fe—N4(°)
Cyt-Grp（Fe^{2+}）	17.223	114.469	109.656
Cyt-Grp（Fe^{3+}）	16.969	112.701	116.655
Cyt-CNT（Fe^{2+}）	3.902	110.118	118.666
Cyt-CNT（Fe^{3+}）	4.443	118.925	109.814
Cyt	—	177.390	178.280

污染控制理论与应用前沿丛书
生物电化学系统的催化与污染转化过程

表 3.2　体系总能量与电子传递过程的相互作用能

体系	E_{total}（平均值）（kcal·mol^{-1}）	标准差	ΔE_{inter}（平均值）（kcal·mol^{-1}）
Cyt-Grp(Fe^{2+})	2889.984	13.504	-4.835
Cyt-Grp(Fe^{3+})	2885.149	15.693	
Cyt-CNT(Fe^{2+})	4615.448	15.595	-8.367
Cyt-CNT(Fe^{3+})	4607.081	15.051	

3.3

石墨烯纳米带强化阳极催化

由微生物驱动的 BES 虽然表现出不俗的应用前景,但是由于性能表现尚不理想,其实际的应用受限[26]。在 BES 中,阳极过程是微生物通过自身代谢作用消耗底物并向电极传递电子的过程,这一过程伴随着逐级的能量损耗,降低了整体的 BES 效率[27-28]。为了降低 BES 阳极中的能量损耗,研究者们从微生物基因改造、电极材料改性、电池构型等角度尝试提高 BES 阳极的产电效率[29-36]。其中,增强微生物的 EET 效率是重要的研究课题之一,也是提高 BES 效率至关重要的一环。

前人的研究表明,微生物主要有三种类型的 EET 机制:直接接触导电、电子媒介导电和纳米线导电[27]。如何根据这三种 EET 的性质和特点,从材料设计的角度制备出能够增强这些 EET 过程且性能更好的材料,是本节研究的主要内容。一方面,在微生物直接接触和纳米线 EET 过程中,目前的研究主要认为,微生物的细胞色素 c 作为氧化还原活性物质,起着传输电子的作用[37-40]。而细胞色素 c 作为一种蛋白,其氧化还原中心是卟啉铁。然而,这些氧化还原活性位点位于蛋白内部,使得它们与电极交换电子时需要越过空间位阻,造成能量损失。另一方面,对于微生物的电子媒介 EET 过程,电子媒介是电化学活性物质,从电化学的角度考虑,电极的催化性能影响电化学活性物质在电极表面的氧化还原反应的动力学行为。EET 过程的这些特性激发了我们设计新型阳极材料的灵感。因此,可以合理推断,理想的 BES 阳极材料应当能够有效地接近细胞色素 c

107

的活性位点,并且具备良好的电化学活性,使电子媒介在电极表面的氧化还原反应更顺利地进行。

石墨烯作为一种新型的碳材料,因其具备卓越的化学和物理性能,在众多的应用领域崭露头角[41-46]。把石墨烯用作 BES 阳极材料,研究石墨烯和微生物的电化学相互作用,此前还没有报道。相比于石墨烯纳米片,从多壁碳纳米管(MWCNTs)出发制备的氧化石墨烯纳米带(GONRs)保持了 CNTs 的高长径比的特点[47],既可以模拟微生物的纳米线进行导电,也可以与细胞色素 c 等氧化还原蛋白的活性位点进行有效的交流。同时,GONRs 大量的边界提供了充足的电化学活性位点,使其电化学活性得到很大的提高。因此,在本节中,我们制备 GONRs 修饰电极,表征其作为 BES 阳极的性能,并通过一系列的电化学测试手段探索其与微生物之间的电化学相互作用。

3.3.1
石墨烯纳米带强化阳极催化的研究方法

3.3.1.1　石墨烯纳米带合成

MWCNTs 购于深圳纳米港公司,长度为 $5\sim15\ \mu m$,直径为 $10\sim30\ nm$。由 MWCNTs 作为原料制备 GONRs 是基于 Kosynkin 等的报道[47],其基本原理是用强氧化剂氧化 MWCNTs,使其径向裂开,从而形成纳米带结构。首先用锥形瓶称取 150 mg MWCNTs,加入 150 mL H_2SO_4 并超声分散。将该悬浮液置于摇床内振荡 12 h,然后缓慢加入 750 mg $KMnO_4$,在 20 ℃下搅拌 1 h。接着将该锥形瓶转移至 55 ℃的水浴中反应 30 min,然后再升温至 65 ℃反应 4 h。此时混合物呈黄棕色,表明反应已经完全,MWCNTs 被氧化为 GONRs。将锥形瓶从水浴中取出,自然冷却至室温,接着小心地倒入 400 mL 冰水混合物中,并加入 5 mL 30% H_2O_2,使 Mn 的沉淀氧化为可溶的 Mn 离子,以便后续的过滤。所得的混合物用孔径为 $0.22\ \mu m$ 的聚四氟乙烯滤膜过滤,所得产物先用去离子水、再用乙醚过滤洗涤。最后把产物放入 60 ℃烘箱中烘干备用。

3.3.1.2　石墨烯纳米带修饰电极的制备

称取制备好的 GONRs 10 mg,十六烷基三甲基溴化铵(CTAB)50 mg 置于小烧杯中，加入 25 mL 四氢呋喃（THF），超声分散 30 min，得到黑色悬浮液。将该悬浮液用 12000 r·min^{-1} 的速度离心 10 min，弃去上清液。所得沉淀重新用 25 mL 的 THF 超声分散，得到 CTAB 吸附在表面的 GONRs 悬浮液。GONRs 修饰碳纸通过电泳的方法进行制备[21]。先将碳纸裁剪为 (3×3) cm^2 的小片，用导电凝胶连接碳纸与导线，并用环氧树脂胶将导线和导电凝胶部分包裹保护，防止其参加反应。取两片碳纸电极分别作为工作电极和对电极，插入 GONRs 的 THF 悬浮液中，两电极相距 5 mm。然后对这两片碳纸加 30 V 直流电压进行电泳，电泳时间为 10 min。电泳结束后，可用肉眼观察到碳纸表面均匀覆盖了一层黑色物质，表面 GONRs 碳纸修饰电极制备成功。修饰电极用去离子水小心润洗，以洗去表面松散吸附的 GONRs 和 CTAB，然后在室温下自然晾干备用。

3.3.1.3　材料表征

透射电子显微镜（TEM，JEOL-2010，日本电子公司）用于观测 MWCNTs 和 GONRs 的形貌。扫描电子显微镜（SEM，美国 FEI 公司）用于表征碳纸以及修饰碳纸的形貌。X 射线光电子能谱（XPS）测试是在一台 ESCALAB 250（Thermo-VG Scientific，美国）上进行的。原子力显微镜（AFM，Nanoscope Ⅲa，Digital Instrument，美国）用来对 GONRs 进行表征，探针为 Si$_3$N$_4$，工作模式为接触式。

3.3.1.4　反应器构建和运行

1. *Shewanella oneidensis* MR-1 培养

Shewanella oneidensis MR-1 是典型的模式电活性细菌。在实验中，首先接种 *Shewanella oneidensis* MR-1 在 LB 培养基中，接种量为 1:1000，并置于 28 ℃ 恒温摇床中培养 12 h。LB 培养基的成分为：酵母粉 5 g·L^{-1}，蛋白胨 10 g·L^{-1}，NaCl 5 g·L^{-1}。之后将 LB 培养的细菌转接至矿物盐培养基中，接种量为 1:10，继续于恒温摇床中培养 12 h。矿物盐培养基的成分为（每升）：0.46 g NH$_4$Cl，0.225 g K$_2$HPO$_4$，0.225 g KH$_2$PO$_4$，0.117 g MgSO$_4$·7H$_2$O，0.225 g (NH$_4$)$_2$SO$_4$，1.5 g NTA，0.1 g MnCl$_2$·4H$_2$O，0.3 g FeSO$_4$·7H$_2$O，0.17 g CoCl$_2$·6H$_2$O，0.1 g ZnCl$_2$，0.04 g CuSO$_4$·5H$_2$O，0.005 g AlK(SO$_4$)$_2$·12H$_2$O，0.005 g H$_3$BO$_3$，0.09 g Na$_2$MoO$_4$，0.12 g NiCl$_2$，0.02 g NaWO$_4$·2H$_2$O，以及 0.10 g Na$_2$SeO$_4$[17]。接种时加入 20 mmol·L^{-1} 乳酸钠作为底物。矿物盐培养基的 pH 在配制之后调节至 7。所有与微生物操作相关的用品都经过适当的灭菌处理，

培养基经过 110 ℃ 高压湿法灭菌。

2．电化学恒电位体系搭建

用于进行电化学恒电位测试的玻璃反应器体积约为 50 mL。一片 6 cm² 的 GONRs 修饰碳纸或者相同面积的空白碳纸用作工作电极，饱和 Ag/AgCl 和铂丝分别用作参比电极和对电极。三个电极通过一个三孔的橡胶塞固定位置，同时橡胶塞起到封闭体系的作用。在恒电位实验中，使用一台 CHI 1030A（上海辰华）多通道恒电位仪来控制反应体系的电位，工作电极相对于参比电极的电势为 0.324 V（vs. SHE）。将在矿物盐培养基中培养好的 *Shewanella oneidensis* MR-1 接种到恒电位体系之后，先运行 10 h，然后注入浓缩的乳酸钠溶液，使体系中的乳酸钠浓度为 14 mmol·L⁻¹。

3．MFC 体系搭建

自行设计的双室玻璃反应器用于进行 MFC 测试。阳极室和阴极室的体积均在 120 mL 左右，阴、阳极之间用一张质子交换膜（CMI7000，Membrane International，美国）隔开。阳极和阴极均为 9 cm² 的碳纸。在 MFC 测试中，*Shewanella oneidensis* MR-1 和厌氧污泥接种的混合种被用于评价修饰电极对于增强阳极微生物胞外电子传递过程的效能。对于纯菌的 MFC 实验，阳极室的培养基为含有 14 mmol·L⁻¹ 乳酸钠的矿物盐培养基；而在混合菌的实验中，阳极室的培养基为含有 0.1 g·L⁻¹ 的 50 mmol·L⁻¹ 磷酸盐缓冲溶液，底物为 0.1 g·L⁻¹ 的乙酸钠。阴极室的电解液为 110 mL 的 0.1 mmol·L⁻¹ K₃Fe(CN)₆。

MFC 的阴、阳极之间接 100 Ω（纯菌 MFC）或 1000 Ω（混合菌 MFC）电阻，电阻两端的电压由一台安捷伦 37970A 数据采集器实时收集。当 MFC 的一个周期结束后，阳极室和阴极室的溶液更换为新配的溶液，并继续运行。MFC 的极化曲线通过更换不同阻值的外电阻，由不同阻值下的平衡电压得到，并通过计算获得 MFC 的功率密度曲线。

4．电化学性能评价

修饰电极和反应器的电化学性能测试均在一台 CHI 660C 恒电位仪上进行。碳纸和修饰碳纸电极的电化学活性面积通过在铁氰化钾溶液中进行循环伏安（CV）扫描获得。该铁氰化钾溶液包括 5 mmol·L⁻¹ K₃Fe(CN)₆ 和 0.2 mmol·L⁻¹ Na₂SO₄，实验前曝氮气除氧。在 CV 测试中，一片 1 cm² 的 GONRs 修饰碳纸用作工作电极，一根铂丝和一根 Ag/AgCl 电极分别作为对电极和参比电极。CV 的扫描速度为 50 mV·s⁻¹，扫描范围为 0~1.0 V（vs. SHE）。电极的电化学活性面积通过以下公式进行计算[48]：

$$i_p = 0.4463 \times 10^{-3} \left(\frac{F^3}{RT} \right)^{1/2} n^{3/2} A D_0^{1/2} C_0^* v^{1/2} \tag{3.6}$$

式中，$n = 1$ 表示反应的电子转移数，$F = 96485\ C \cdot mol^{-1}$ 为法拉第常数，$R = 8.314\ J \cdot mol^{-1} \cdot K^{-1}$ 为气体常数，$T = 298\ K$ 是实验温度，C_0^*（$mol \cdot L^{-1}$）表示铁氰化钾的初始浓度，$v = 0.05\ V \cdot s^{-1}$ 为扫描速度，$D_0^{1/2}$ 是铁氰化钾的扩散系数，在本实验中，用表面积为 $0.0314\ cm^2$ 的金电极计算得其数值为 $3.67 \times 10^{-6}\ cm^2 \cdot s^{-1}$。

在恒电位实验中，在乳酸钠注入前和注入后分别进行 CV 扫描，扫描速度为 $10\ mV \cdot s^{-1}$，扫描范围为 $-0.33 \sim 0.23\ V$。GONRs 修饰电极（$1\ cm^2$）在 $0.1\ mol \cdot L^{-1}$ KCl、$10\ mmol \cdot L^{-1}$ $[Fe(CN)_6]^{3-/4-}$ 溶液或含有 $14\ mmol \cdot L^{-1}$ 乳酸钠的矿物盐培养基中测试电化学阻抗谱（EIS）。在纯种 MFC 的批次实验结束后，阳极转移至电化学测试池中测试 EIS。EIS 的具体测试条件为：高频 $100000\ Hz$，低频 $0.01\ Hz$，振幅 $5\ mV$，电压为开路电压。

3.3.2

石墨烯纳米带强化阳极催化的机理解析

3.3.2.1　石墨烯纳米带及其修饰电极表征

由于 MWCNTs 具有极大的长径比，以此作为原材料，通过强氧化剂的氧化，将 MWCNTs 径向切开可以得到同样具有很大长径比的 GONRs。图 3.25 为单根的 GONR 的 AFM 图像，从中可以看到，GONR 的厚度约为 1 nm，对应于 2～3 层石墨烯的厚度，而 GONR 的直径为 72 nm，远大于 MWCNTs 的直径，表明 MWCNTs 被成功地切开。图 3.26（a）和图 3.26（b）显示的是 MWCNTs 和 GONRs 的 TEM 照片，从图中可以看到，MWCNTs 的直径为 10～30 nm，经过 H_2SO_4 和 $KMnO_4$ 处理之后，纳米管的长度基本保持不变，而直径则有明显的增大，为 40～60 nm。这个结果说明 MWCNTs 已经成功地被径向切开，形成 GONRs。

制备好的 GONRs 通过电泳沉积的办法修饰到碳纸表面。电泳修饰的方法是一种常用的制备修饰电极的方法，其特点是简单快速，适用于较大的电极面积以及可以避免使用化学黏合剂。为了进一步了解碳纸修饰 GONRs 之后的表面状态，我们运用 SEM 和 XPS 技术对电极表面形貌以及元素化合态分别进行了表征，结果如图 3.26（c）～图 3.26（f）所示。在图 3.26（c）中可以清晰地看到构

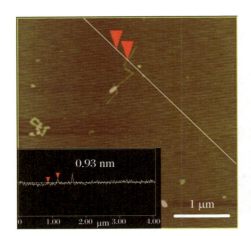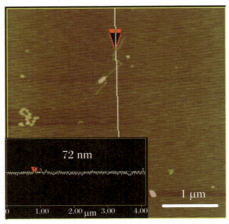

图 3.25　单根的 GONR 的 AFM 图像,内插图显示的分别为石墨烯的厚度和宽度

成碳纸的碳纤维,直径约为 8 μm。当被电泳修饰了 GONRs 之后,碳纸表面形成了一层细密的由带状物组成的网络结构,如图 3.26(d)所示。对修饰前后的碳纸电极进行的 XPS 分析表明,GONRs 表面具有丰富的含氧官能团。C1 位于 284.7 eV 位置的不对称峰是 sp^2 杂化的碳的峰,是由空白碳纸表面碳引起的。而 GONRs 的 C1 峰则可以拟合为 4 个高斯-洛伦兹峰,其中位于～285.5 eV 的 C2 峰对应 sp^3 杂化碳,位于～287.2 eV 的 C3 峰对应 C—OH,位于～289.1 eV 的 C4 峰对应 O=C—OH[49]。同时,电极表面的 O 原子含量在修饰 GONRs 之后有明显升高,从 5.65% 增大至 26.19%(表 3.3,图 3.27)。这说明 GONRs 表面被充分地氧化,这些含氧的官能团主要是羟基、羧基、醛基和环氧基等。

　　关于 MWCNTs 氧化为 GONRs 的机制,有文献研究报道称,在反应开始阶段,高锰酸离子与 CNTs 表面的不饱和键反应,形成酯,而这一步同时也是决定性步骤。酯结构的形成使 CNTs 表面产生缺陷,同时,与酯相邻的碳碳双键由于缺陷的存在而受到空间排斥力的影响,使得它们反应活性更高,更容易被进一步氧化。浓硫酸的脱水环境也促进了反应的发生。因此,氧化反应会倾向于沿着最初形成的缺陷径向发生,从而形成 GONRs[47]。

3.3.2.2　电化学性能测试

　　为了研究 GONRs 修饰电极的电化学活性,我们用 $[Fe(CN)_6]^{3-/4-}$ 作为电化学探针对 GONRs 电极的电化学活性面积进行了测定。根据文献报道,$[Fe(CN)_6]^{3-/4-}$ 的氧化还原反应由于电子转移速度很快,可以认为是可逆反应,其循环伏安所得峰电流在平板电极条件下的表达式见方程式(3.6)。其中

污染控制理论与应用前沿丛书
生物电化学系统的催化与污染转化过程

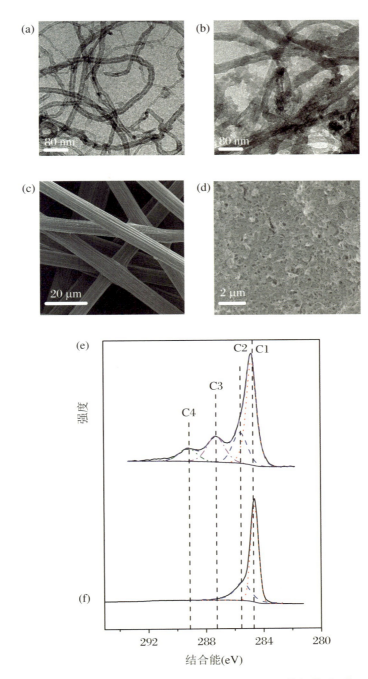

图 3.26 （a）MWCNTs 的 TEM 照片；（b）化学氧化之后，MWCNTs 被径向切开形成 GONRs；（c）未经任何处理的碳纸的 SEM 照片；（d）修饰了 GONRs 的碳纸的 SEM 照片；（e）修饰了 GONRs 的碳纸的 XPS 谱图；（f）空白碳纸的 XPS 谱图

表 3.3　XPS 原子比例

	碳纸	修饰 GONRs 的碳纸
C	93.65%	72.98%
O	5.65%	26.19%
N	0.7%	0.83%

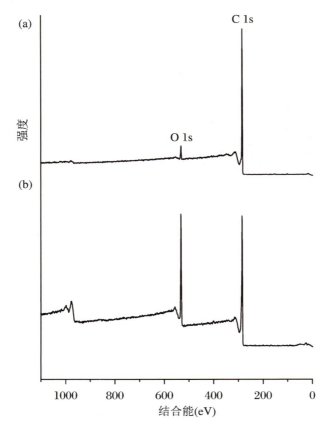

图 3.27　(a) 空白碳纸的 XPS 谱图；(b) 修饰 GONRs 的
碳纸的 XPS 谱图

$[Fe(CN)_6]^{3-/4-}$ 的扩散系数 D_0 随测试系统的条件变化而会有所改变，因此需要用我们的实验装置重新测定。测定时，用一仔细抛光过的 Au 电极作为工作电极，可以近似认为该 Au 电极的几何面积与电化学活性面积相等。通过代入 CV 所测得的峰电流以及其他参数，计算得 $[Fe(CN)_6]^{3-/4-}$ 的 D_0 为 $3.67 \times 10^{-6}\ \mathrm{cm^2 \cdot s^{-1}}$。然后使用几何面积为 $1\ \mathrm{cm^2}$ 的空白碳纸和 GONRs 修饰碳纸作为工作电极，在相同的实验条件下扫描 CV，计算得到 GONRs 修饰碳纸的电化学活性面积为 $1.8\ \mathrm{cm^2}$，而空白碳纸的电化学活性面积则为 $1.2\ \mathrm{cm^2}$。修饰之后的电极电化学活性面积比修饰前增大了 50%，这说明 GONRs 组成的网络结构有利于增强电极的电化学活性。由于很多微生物都能够向胞外分泌电子媒介，例如 *Shewanella oneidensis* MR-1 的核黄素，这些电子媒介对微生物产电有重要的贡献[17,50]。近年来的诸多研究成果表明，*Shewanella oneidensis* 分泌的黄素类电子媒介在其产电过程中占主导地位[51]。因此 GONRs 修饰电极较大的电化学活性面积可以加快电子媒介在电极表面的电子转移，从而提升微生物的产电效果。

3.3.2.3　生物电化学系统性能测试

1. 恒电位体系测试

电化学三电极的恒电位体系用于测试 GONRs 在微生物产电中的应用，装置的示意图如图 3.28(e)所示。*Shewanella oneidensis* MR-1 作为一种研究 EET 的模式微生物被应用于我们的恒电位测试中。根据文献报道，*Shewanella oneidensis* MR-1 可以通过多种途径向电极传递电子，包括细胞膜上的细胞色素 c 直接接触传递、分泌电子媒介进行传递以及通过纳米线进行传递[17,52-54]。在我们的实验体系中，*Shewanella oneidensis* MR-1 接种到恒电位系统之后，对工作电极施加 +0.324 V(vs. SHE)的电压，先运行 10 h，然后再注入底物乳酸钠。这段无底物运行阶段可以促使电极表面形成生物膜[53]。如图 3.28(a)所示，在这个阶段中空白碳纸电极和 GONRs 修饰电极的电流密度均很低，两者处于相当的水平，约为 10^{-3} A·m^{-2} 级别。当浓缩的乳酸钠注入恒电位体系之后，可以立即观察到少量的氧化电流产生，如图 3.28(a)所示。氧化电流的产生说明了微生物利用底物并且开始将电子转移到电极上。在注入底物后的 12 h 内，氧化电流缓慢增大；随后开始快速地增长，并在总运行时间 40 h 附近达到峰值。GONRs 修饰电极的最大电流密度达到了 1.9 A·m^{-2}；相比之下，对照实验里面空白碳纸的电流密度只有 0.27 A·m^{-2}，与文献报道中使用玻碳电极作为工作电极时所得的电流密度类似[53]。

这一结果表明，GONRs 修饰电极能够极大地增强 *Shewanella oneidensis* MR-1 的 EET 过程。为了阐明 GONRs 在 EET 过程中所扮演的角色，我们在注入底物前后对恒电位体系进行了 CV 扫描，结果如图 3.28(b)和图 3.28(c)所示。从这两个 CV 图可以看到，在没有底物的条件下，修饰电极和空白电极的背景 CV 曲线都比较平坦，没有出现明显的氧化还原峰，同时电流密度也较低，说明在此阶段没有明显的生物电流产生。另外，修饰电极的背景电流比空白电极约大一个数量级，主要是由于 GONRs 修饰之后电极的电容性电流有明显的增

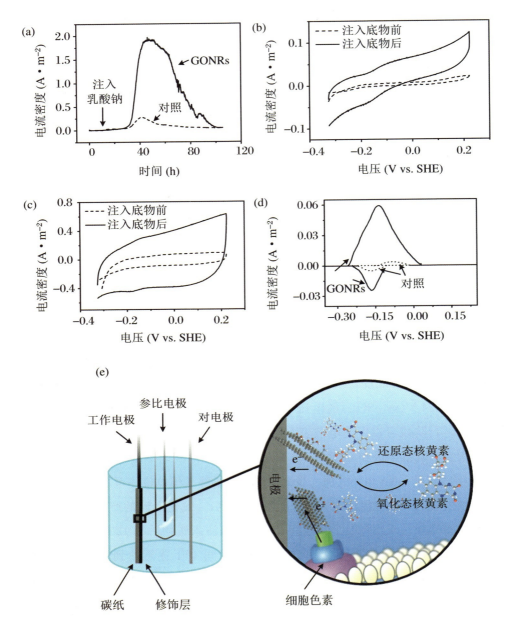

图 3.28 (a) 恒电位产电曲线,实线为修饰电极,虚线为空白电极,箭头所示位置为底物
注入的时间点;(b) 空白电极的 CV 曲线;(c) 修饰电极的 CV 曲线;(d) 经过线
性背景扣除的 CV 曲线;(e) 恒电位装置和 GONRs 增强 EET 过程示意图

大。加入底物以后,两个电极的 CV 曲线都出现了催化响应,在 −0.23 V 附近
出现了催化氧化电流。修饰电极的 CV 曲线在 −0.17 V 附近出现了一对很弱
但是可以辨识的氧化还原峰;而在相同的区域,空白电极没有出现明显的峰型结
构。这对氧化还原峰可以归属为 *Shewanella* 的胞外细胞色素的氧化还原响
应[50,55]。两种电极在有底物的条件下的 CV 曲线经过线性背景扣除,得到便于

比较的结果,如图 3.28(d)所示。从中可以看到,修饰电极不仅有更高的峰电流,而且峰间距更小,说明 GONRs 增强并且加速了细胞色素 c 的电子传递。以上的 CV 结果表明,GONRs 能够让细胞色素 c 的电化学反应可逆程度提高,降低细胞色素的反应活化能,可以提高微生物的直接接触型 EET 过程。

2. MFC 体系测试

MFC 是 BES 中重要的应用之一,在本研究中,双室 MFC 用于测试 GONRs 修饰电极的性能。考虑到实际的 MFC 应用很可能以混合种微生物为主,因此 MFC 测试时除了使用模式产电细菌 *Shewanella oneidensis* MR-1,还使用了厌氧污泥作为混合微生物接种源。

混合种 MFC 的运行曲线如图 3.29(a)所示,其中修饰电极的最大电流密度在第二个周期达到最大,超过 $0.55 \text{ A} \cdot \text{m}^{-2}$,而空白电极的最大电流密度则只有 $0.3 \text{ A} \cdot \text{m}^{-2}$ 左右。修饰电极 MFC 的最大功率密度为 $326 \text{ mW} \cdot \text{m}^{-2}$,约为空白电极 MFC 的 4 倍($88 \text{ mW} \cdot \text{m}^{-2}$)。在 *Shewanella oneidensis* MR-1 的 MFC 实验中,修饰电极的最大电流密度达到 $0.3 \text{ A} \cdot \text{m}^{-2}$,最大功率密度达到 $34.2 \text{ mW} \cdot \text{m}^{-2}$,远大于空白电极的 $0.075 \text{ A} \cdot \text{m}^{-2}$ 和 $6.8 \text{ mW} \cdot \text{m}^{-2}$。MFC 运行的结果如表 3.4 所示。

表 3.4　MFC 电流密度和功率密度汇总

菌种	工作电极	最大电流密度 ($\text{A} \cdot \text{m}^{-2}$)	最大功率密度 ($\text{mW} \cdot \text{m}^{-2}$)
Shewanella oneidensis MR-1[a]	GONRs 碳纸	0.30	34.2
	空白碳纸	0.075	6.8
厌氧污泥[b]	GONRs 碳纸	0.523[c]	326
	空白碳纸	0.315[c]	88

注:a 的外电阻为 100 Ω;b 的外电阻为 1000 Ω;c 为两个运行周期的平均值。

以上的 MFC 实验结果表明,GONRs 修饰的碳纸电极能够极大地提高 MFC 的产电效能,其最大功率密度约为空白碳纸电极的 4 倍。另外,多个批次的 MFC 运行也表明这种碳材料具备很好的生物兼容性和稳定性,能够长期稳定使用。

为了进一步理清 GONRs 增强 EET 过程的机制,我们对工作电极进行了一系列的 EIS 测试。修饰电极和空白电极首先以 $[\text{Fe(CN)}_6]^{3-/4-}$ 作为标准电化学探针,在没有微生物参与的情况下测试 EIS,结果如图 3.30(a)所示。从图中可以看到,修饰了 GONRs 之后,电极的界面电子传递电阻,即极化电阻大幅降低(如图中箭头所示),说明 GONRs 可以提高 $[\text{Fe(CN)}_6]^{3-/4-}$ 的电子传递效率,此结果也与电化学测试中的 CV 结果相互验证。然后,EIS 测试在矿物盐培养基

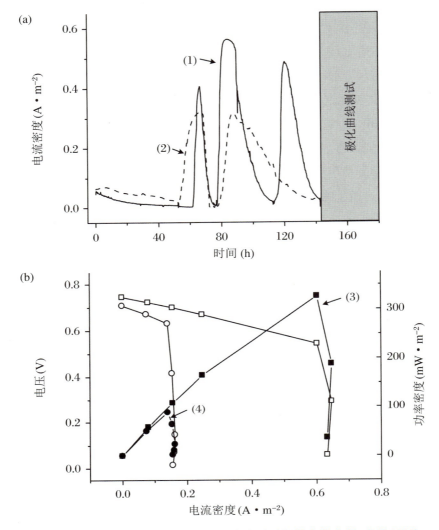

图 3.29　(a) 混合种 MFC 实验的电流密度随时间的变化曲线,曲线(1)为
　　　　　GONRs 修饰电极,曲线(2)为空白电极;(b) 空心图案为 MFC 的极
　　　　　化曲线,实心图案代表 MFC 的功率密度曲线,其中方块(3)为修饰
　　　　　电极,圆圈(4)为空白电极

中进行,在此条件下,电解液中没有电化学活性物质,可以获得纯粹的两种电极
材料在培养基中的背景 EIS。实验结果在图 3.30(b)中显示,可以看到修饰
GONRs 之后的电极电阻有明显的减小,一方面是由于 GONRs 在碳纸表面形成
网络状结构之后,活性面积增大,降低了电阻;另一方面是因为 GONRs 具有良
好的导电性,因此电阻大幅降低。图 3.30(c)显示的是 *Shewanella oneidensis*
MR-1 的 MFC 实验结束后取工作电极在新配的培养基中测试的 EIS,此时电极
表面有成熟的生物膜,EIS 的响应将反映微生物与电极之间的电子传递情况。从

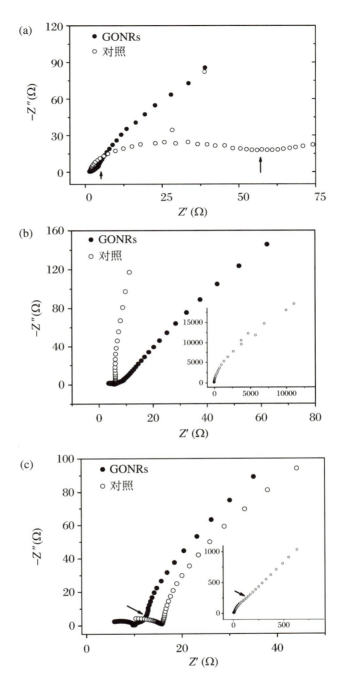

图 3.30　GONRs 修饰电极和空白电极的 EIS Nyquist 图:
(a) 电解液为 0.1 mol·L⁻¹ KCl, 10 mmol·L⁻¹
[Fe(CN)₆]³⁻/⁴⁻ 溶液;(b) 电解液为含有乳酸钠的矿
物盐培养基;(c) 电解液为含有乳酸钠的矿物盐培
养基,电极为 MFC 测试结束后取出的阳极。箭头
标记的地方表明体系从动力学控制转为扩散控制

图中可以看到,在高频区域,修饰电极表现出比空白电极更低的电阻,说明修饰了 GONRs 之后,电解体系中整体的欧姆电阻下降(欧姆电阻约为 $10\ \Omega$),这是因为 GONRs 具有良好的导电性。同时,随着频率的降低,Nyquist 会出现动力学控制的半弧形状,然后体系从动力学控制转变为扩散控制,呈向上的线性增长。图中的箭头分别指示了修饰电极和空白电极的扩散控制转变点,从中可以看到,修饰电极半弧的大小远小于空白电极,表明修饰电极的极化电阻远小于空白电极。由于体系中只有生物膜与电极之间的电子传递,这一结果清晰地表明修饰 GONRs 的电极能够加快微生物的 EET 过程。这一结论也与此前的恒电位实验、MFC 实验和相关的 CV 表征结果相互印证。

参考文献

[1] DO M H,NGO H H,GUO W S,et al. Microbial fuel cell-based biosensor for online monitoring wastewater quality:a critical review[J]. Science of the Total Environment,2020,712. DOI:10.1016/j. scitotenv. 2019.135612.

[2] KIM B H,CHANG I S,GADD G M. Challenges in microbial fuel cell development and operation[J]. Applied Microbiology and Biotechnology,2007,76:485-494.

[3] KIM J R,CHENG S,OH S E,et al. Power generation using different cation,anion,and ultrafiltration membranes in microbial fuel cells[J]. Environmental Science & Technology,2007,41(3):1004-1009.

[4] FAN Y Z,SHARBROUGH E,LIU H. Quantification of the internal resistance distribution of microbial fuel cells[J]. Environmental Science & Technology,2008,42(21):8101-8107.

[5] LIU X W,SUN X F,HUANG Y X,et al. Nano-structured manganese oxide as a cathodic catalyst for enhanced oxygen reduction in a microbial fuel cell fed with a synthetic wastewater[J]. Water Research,2010,44(18):5298-5305.

[6] YANG W,CHEN S W. Biomass-derived carbon for electrode fabrication in microbial fuel cells:a review [J]. Industrial & Engineering Chemistry Research,2020,59(14):6391-6404.

[7] GOODING J J,WIBOWO R,LIU,et al. Protein electrochemistry using aligned carbon nanotube arrays[J]. Journal of the American Chemical

Society，2003，125(30)：9006-9007.

［8］ XIAO X X，XIA H Q，WU R R，et al. Tackling the challenges of enzymatic (Bio)fuel cells[J]. Chemical Reviews，2019，119(16)：9509-9558.

［9］ WANG J X，LI M X，SHI Z J，et al. Direct electrochemistry of cytochrome c at a glassy carbon electrode modified with single-wall carbon nanotubes[J]. Analytical Chemistry，2002，74(9)：1993-1997.

［10］ PATEL D K，KIM H B，DUTTA S D，et al. Carbon nanotubes-based nanomaterials and their agricultural and biotechnological applications[J]. Materials，2020，13(7). DOI：10.3390/ma13071679.

［11］ QIAO Y，LI C M，BAO S J，et al. Carbon nanotube/polyaniline composite as anode material for microbial fuel cells[J]. Journal of Power Sources，2007，170(1)：79-84.

［12］ RAITMAN O A，KATZ E，BUCKMANN A F，et al. Integration of polyaniline/poly (acrylic acid) films and redox enzymes on electrode supports：an in situ electrochemical/surface plasmon resonance study of the bioelectrocatalyzed oxidation of glucose or lactate in the integrated bioelectrocatalytic systems[J]. Journal of the American Chemical Society，2002，124(22)：6487-6496.

［13］ PENG L，YOU S J，WANG J Y. Carbon nanotubes as electrode modifier promoting direct electron transfer from *Shewanella oneidensis* [J]. Biosensors and Bioelectronics，2010，25(5)：1248-1251.

［14］ WU L Q，GADRE A P，YI H，et al. Voltage-dependent assembly of the polysaccharide chitosan onto an electrode surface[J]. Langmuir，2002，18(22)：8620-8625.

［15］ WANG Y B，IQBAL Z，MITRA S. Rapidly functionalized，water-dispersed carbon nanotubes at high concentration [J]. Journal of the American Chemical Society，2006，128(1)：95-99.

［16］ LAVIRON E. General expression of the linear potential sweep voltammogram in the case of diffusionless electrochemical systems[J]. Journal of Electroanalytical Chemistry，1979，101(1)：19-28.

［17］ MARSILI E，BARON D B，SHIKHARE I D，et al. *Shewanella* secretes flavins that mediate extracellular electron transfer[J]. Proceedings of the National Academy of Sciences of the United States of America，2008，105(10)：3968-3973.

[18] NAKAMURA R，KAI F，OKAMOTO A，et al. Self-constructed electrically conductive bacterial networks[J]. Angewandte Chemie-International Edition，2009，48(3):508-511.

[19] ANGELAALINCY M J，KRISHNARAJ R N，SHAKAMBARI G，et al. Biofilm engineering approaches for improving the performance of microbial fuel cells and bioelectrochemical systems[J]. Frontiers in Energy Research，2018，6. DOI:10.3389/fenrg.2018.00063.

[20] VAN DER ZEE F P，BISSCHOPS I A E，LETTINGA G，et al. Activated carbon as an electron acceptor and redox mediator during the anaerobic biotransformation of azo dyes[J]. Environmental Science & Technology，2002，37(2):402-408.

[21] KAMAT P V，THOMAS K G，BARAZZOUK S，et al. Self-assembled linear bundles of single wall carbon nanotubes and their alignment and deposition as a film in a dc field[J]. Journal of the American Chemical Society，2004，126(34):10757-10762.

[22] BARON D，LABELLE E，COURSOLLE D，et al. Electrochemical measurement of electron transfer kinetics by *Shewanella oneidensis* MR-1 [J]. Journal of Biological Chemistry，2009，284(42):28865-28873.

[23] ESSMANN U，PERERA L，BERKOWITZ M L，et al. A smooth particle mesh Ewald method[J]. The Journal of Chemical Physics，1995，103(19):8577-8593.

[24] FERRARI A C，ROBERTSON J. Interpretation of raman spectra of disordered and amorphous carbon[J]. Physical Review B，2000，61(20):14095-14107.

[25] LEE S W，KIM B S，CHEN S，et al. Layer-by-layer assembly of all carbon nanotube ultrathin films for electrochemical applications[J]. Journal of the American Chemical Society，2008，131(2):671-679.

[26] FRANKS A E，NEVIN K P. Microbial fuel cells, a current review[J]. Energies，2010，3(5):899-919.

[27] TORRES C I，MARCUS A K，LEE H-S，et al. A kinetic perspective on extracellular electron transfer by anode-respiring bacteria[J]. FEMS Microbiology Reviews，2010，34(1):3-17.

[28] HARNISCH F，SCHRÖDER U. From MFC to MXC: chemical and biological cathodes and their potential for microbial bioelectrochemical systems [J]. Chemical Society Reviews，2010，39(11):4433-4448.

[29] ZHOU M，CHI M，LUO J，et al. An overview of electrode materials in microbial fuel cells[J]. J. Power Sources，2011，196(10):4427-4435.

[30] GUTIÉRREZ M C，GARCIA-CARVAJAL Z Y，HORTIGUELA M J，et al. Biocompatible MWCNT scaffolds for immobilization and proliferation of *E. coli*[J]. Journal of Materials Chemistry，2007，17(29):2992-2995.

[31] QIAO Y，BAO S J，LI C M，et al. Nanostructured polyaniline/titanium dioxide composite anode for microbial fuel cells[J]. ACS Nano，2008，2(1):113-119.

[32] ZHAO Y，WATANABE K，NAKAMURA R，et al. Three-dimensional conductive nanowire networks for maximizing anode performance in microbial fuel cells[J]. Chemistry: A European Journal，2010，16(17):4982-4985.

[33] XIE X，HU L，PASTA M，et al. Three-dimensional carbon nanotube-textile anode for high-performance microbial fuel cells[J]. Nano Letters，2011，11(1):291-296.

[34] HE Z，LIU J，QIAO Y，et al. Architecture engineering of hierarchically porous chitosan/vacuum-stripped graphene scaffold as bioanode for high performance microbial fuel cell[J]. Nano Letters，2012，12(9):4738-4741.

[35] WANG H，WANG G，LING Y，et al. High power density microbial fuel cell with flexible 3D graphene-nickel foam as anode[J]. Nanoscale，2013，5(21):10283-10290.

[36] ZHAO C，GAI P，LIU C，et al. Polyaniline networks grown on graphene nanoribbons-coated carbon paper with a synergistic effect for high-performance microbial fuel cells[J]. Journal of Materials Chemistry A，2013，1(40):12587-12594.

[37] LOVLEY D R. Live wires: direct extracellular electron exchange for bioenergy and the bioremediation of energy-related contamination[J]. Energy & Environmental Science，2011，4(12):4896-4906.

[38] SHI L，RICHARDSON D J，WANG Z，et al. The roles of outer membrane cytochromes of *Shewanella* and *Geobacter* in extracellular electron transfer[J]. Environmental Microbiology Reports，2009，1(4):220-227.

[39] CARMONA-MARTINEZ A A，HARNISCH F，FITZGERALD L A，et al. Cyclic voltammetric analysis of the electron transfer of *Shewanella oneidensis* MR-1 and nanofilament and cytochrome knock-out mutants[J].

Bioelectrochemistry，2011，81(2)：74-80.

[40] CLARKE T A，EDWARDS M J，GATES A J，et al. Structure of a bacterial cell surface decaheme electron conduit[J]. Proceedings of the National Academy of Sciences of the United States of America，2011，108：9384-9389.

[41] GEIM A K，NOVOSELOV K S. The rise of graphene[J]. Nature Materials，2007，6(3)：183-191.

[42] GEIM A K. Graphene：status and prospects[J]. Science，2009，324(5934)：1530-1534.

[43] CHEN D，TANG L，LI J. Graphene-based materials in electrochemistry [J]. Chem. Soc. Rev.，2010，39(8)：3157-3180.

[44] ZUO X，HE S，LI D，et al. Graphene oxide-facilitated electron transfer of metalloproteins at electrode surfaces[J]. Langmuir，2010，26（3）：1936-1939.

[45] STOLLER M D，PARK S，ZHU Y，et al. Graphene-based ultracapacitors [J]. Nano Letters，2008，8(10)：3498-3502.

[46] YIN Z，ZHU J，HE Q，et al. Graphene-based materials for solar cell applications[J]. Advanced Energy Materials，2013，4（1）. DOI：10.1002/aenm.201300574.

[47] KOSYNKIN D V，HIGGINBOTHAM A L，SINITSKII A，et al. Longitudinal unzipping of carbon nanotubes to form graphene nanoribbons [J]. Nature，2009，458(7240)：872-876.

[48] 阿伦.J.巴德,拉里.R.福克纳.电化学方法:原理和应用[M].2版.邵元华,朱果逸,董献堆,等,译.北京:化学工业出版社,2005.

[49] POH H L，SANEK F，AMBROSI A，et al. Graphenes prepared by staudenmaier, hofmann and hummers methods with consequent thermal exfoliation exhibit very different electrochemical properties[J]. Nanoscale，2012，4(11)：3515-3522.

[50] MEITL L A，EGGLESTON C M，COLBERG P J S，et al. Electrochemical interaction of *Shewanella oneidensis* MR-1 and its outer membrane cytochromes OmcA and MtrC with hematite electrodes[J]. Geochim Cosmochim Acta，2009，73(18)：5292-5307.

[51] KOTLOSKI N J，GRALNICK J A. Flavin electron shuttles dominate extracellular electron transfer by *Shewanella oneidensis*[J]. mBio，2013，

4(1):169-172.

[52] GORBY Y A, YANINA S, MCLEAN J S, et al. Electrically conductive bacterial nanowires produced by *Shewanella oneidensis* strain MR-1 and other microorganisms[J]. Proceedings of the National Academy of Sciences of the United States of America, 2006, 103(30):11358-11363.

[53] BARON D, LABELLE E, COURSOLLE D, et al. Electrochemical measurement of electron transfer kinetics by *Shewanella oneidensis* MR-1[J]. The Journal of Biological Chemistry, 2009, 284(42):28865-28873.

[54] EL-NAGGAR M Y, WANGER G, LEUNG K M, et al. Electrical transport along bacterial nanowires from *Shewanella oneidensis* MR-1[J]. Proceedings of the National Academy of Sciences of the United States of America, 2010, 107(42):18127-18131.

[55] QIAO Y, LI C M, BAO S J, et al. Direct electrochemistry and electrocatalytic mechanism of evolved *Escherichia coli* cells in microbial fuel cells[J]. Chem Commun, 2008 (11):1290-1292.

电聚合电子媒介调控阳极催化

4.1
概　　述

在 BES 中的阳极微生物具有至关重要的作用,而在这些微生物的胞外电子传递过程中,电子媒介扮演着重要的角色[1-2]。因此,本章选择吩嗪类染料为对象,探索此类染料促进微生物与固体电极之间电子传递的可行性,阐明电子媒介的结构及氧化还原电势与电子传递速率之间的关系。利用电化学和 Raman 电化学实验结果,结合密度泛函理论计算,研究吩嗪类染料是如何通过氧化还原态的变化来实现电子传递的,为探索电子媒介的电子传递机理提供了新的手段[3-4]。

4.2
电聚合电子媒介调控阳极催化的研究方法

4.2.1
恒电位实验

恒电位实验所需的单室三电极体系请参考 3.2.1.4 的内容。为了使染料的结构成为影响实验结果的主要因素,实验时在培养基中加入较低浓度的染料溶液。实验中的 5 种吩嗪类染料分别为硫堇、甲苯胺蓝、亚甲基蓝(MB)、番红和中性红,在 5 个电解池的培养基中分别加入 1 μmol·L^{-1}经过过滤灭菌的上述染料。为了考察细菌外膜细胞色素 c 与染料分子的相互作用,将染料分子电化学聚合于电极表面。

4.2.2

染料修饰电极的制备

实验采用了循环伏安电化学修饰方法将亚甲基蓝修饰到电极上。该方法以 $(2 \times 3)cm^2$ 的碳纸电极作为工作电极, Pt 丝作为对电极, Ag/AgCl 电极为参比电极, 电化学工作站为 CHI660C, 扫描范围为 $-1.0 \sim 1.2$ V, 扫描速度为 100 mV·s^{-1}, 扫描 30 圈。扫描体系的溶液中含有 0.5 mmol·L^{-1} 亚甲基蓝的 50 mmol 磷酸盐缓冲溶液。

4.2.3

细菌培养及生长条件

实验采用了 *Shewanella oneidensis* MR-1, 培养条件详见 3.2.1.3 的内容。为了研究吩嗪类染料与细菌胞外的相互作用, 我们选取了对细菌和电极之间的电子传递促进效果最好的亚甲基蓝作为研究对象。另外选取 *Shewanella* 的突变株进行了实验。OmcA 与 MtrC 是重要的膜外蛋白, 起电子传导的作用。而 *MtrB* 则是镶嵌在外膜上固定 OmcA 与 MtrC 的蛋白。实验主要选取了 SO1778/SO1779 与 SO1776 突变株[5], 考察细菌与修饰电极的相互作用。

4.2.4

电化学实验

玻碳电极使用之前需进行预处理, 使其表面平整并且将其表面的氧化膜除去。处理方法: 使用 0.05 μm 的抛光粉研磨约 20 min, 然后用超纯水超声清洗 3 次, 每次 5 min。将清洗好的电极在 0.1 mol·L^{-1} 的硫酸溶液中采用循环伏安扫描的方法进行清洗。以 Ag/AgCl 电极作为参比电极, 扫描的电压范围为 $-1.0 \sim 1.0$ V, 扫描速度为 100 mV·s^{-1}, 扫描 10 圈。将清洗好的电极在铁氰化钾体系中进行检测, 参比电极为 Ag/AgCl 电极, 扫描电压范围为 $-0.2 \sim 0.6$ V。铁氰化钾溶液含

污染控制理论与应用前沿丛书
生物电化学系统的催化与污染转化过程

有(每升)铁氰化钾,1 mmol;亚铁氰化钾,1 mmol;硝酸钾,200 mmol。在拉曼光谱分析时,我们所采用的工作电极为金电极。金电极的预处理方法与玻碳电极类似,只是在用硫酸溶液进行电化学清洗时扫描电压范围为 $-0.6\sim1.0$ V。

为了研究亚甲基蓝的电化学性质和其氧化还原的反应,对溶解态的亚甲基蓝进行了循环伏安分析。实验中,采用玻碳电极作为工作电极,Pt 丝作为对电极,Ag/AgCl 电极为参比电极,扫描电压范围为 $-0.5\sim0$ V,扫描速度分别为 $10\ mV\cdot s^{-1}$、$20\ mV\cdot s^{-1}$、$100\ mV\cdot s^{-1}$、$150\ mV\cdot s^{-1}$、$200\ mV\cdot s^{-1}$、$300\ mV\cdot s^{-1}$、$400\ mV\cdot s^{-1}$ 和 $500\ mV\cdot s^{-1}$。扫描体系的溶液配方是在厌氧 *Shewanella* 基础培养基中加入 $1\ \mu mol\cdot L^{-1}$ 的亚甲基蓝,另外加入 $0.1\ mol\cdot L^{-1}$ 氯化钾以加大电解质浓度来增强电流强度,提高信噪比。同时对亚甲基蓝在不同的 pH 下进行循环伏安分析。通过加入氢氧化钠或盐酸来调节扫描体系 pH。

4.2.5

原位 Raman 光谱电化学实验

在金电极(直径为 2 mm)的表面用循环伏安法沉积一层亚甲基蓝作为 Raman光谱电化学实验的工作电极。对电极和参比电极分别为金电极(金电极的表面,穿插镶嵌在一个聚四氟乙烯杆中)、Pt 丝电极和饱和甘汞电极,扫描电压范围为 $-1.0\sim1.2$ V,扫描速度为 $100\ mV\cdot s^{-1}$,扫描 20 圈。扫描体系是含有 $0.5\ mol\cdot L^{-1}$ 亚甲基蓝的 pH = 7 的 PBS 溶液。

在对电极进行 Raman 光谱分析之前,先对电极进行电化学分析,通过所制电极的氧化还原峰电势的位置来确定拉曼光谱分析时所要加的电压范围。将上述修饰电极在 pH = 7 的 B-R 缓冲溶液中做 CV 分析,工作电极、对电极和参比电极分别为金电极、Pt 丝电极和饱和甘汞电极,扫描电压范围为 $-0.6\sim1.0$ V,扫描速度为 $100\ mV\cdot s^{-1}$。先扫描 4 圈之后,循环伏安曲线趋于稳定,稳定之后再扫描一圈得到最终的循环伏安分析曲线。

Raman 电化学实验是在一个三电极光谱电化学池中进行的,其中修饰有亚甲基蓝的金电极作为工作电极,Pt 丝电极作为对电极,Ag/AgCl 电极作为参比电极。工作电极的表面与电化学池的视窗距离可调,约为 2 mm。电化学池中是 pH = 7 的 B-R 缓冲溶液。波长为 514.5 nm 的激光以 $90°$ 的入射角达到金电极的表面。扫描的波数范围为 $300\sim2100\ cm^{-1}$。通过电化学工作站来控制和改变金电极的电势。积分时间为 10 s。

4.3
电聚合电子媒介调控阳极催化的机理解析

4.3.1
依赖于电势的电子传递

采用投加法获得了如图 4.1 所示细菌在电极上放电的曲线。由于所加的电极电势较高，而番红与中性红的电极电势较低，表现出了负电流特点，该数据没有给出。从图 4.1 中可以看出 MB 响应最快，甲苯胺蓝次之。从电流密度分析可以看出，亚甲基蓝对细菌和电极之间的电子传递促进效果最好，因此，在后续的分析表征及机理研究中，将亚甲基蓝作为重点研究对象。

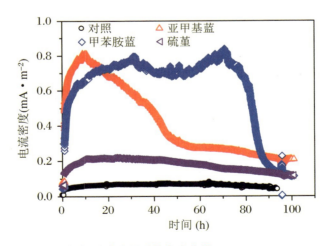

图 4.1　投加酚嗪分子后的产电曲线

将上述细菌的放电曲线中的电流与酚嗪分子的电极电势作图，获得了在一定范围内的电流密度与电子媒介电势的关系，如图 4.2 所示。电子媒介电势越

污染控制理论与应用前沿丛书
生物电化学系统的催化与污染转化过程

低,获得的电流密度越大,在铁的还原过程中,电子媒介的氧化还原电势和两个反应之间的活化能控制铁的还原速率[6]。在电子传递的第一步,微生物将电子传递给电子媒介,电子供体的氧化还原和与之相耦合的电子媒介的氧化还原之间的活化能之差要大于 20 kJ·mol^{-1},也是最可能高的电子传递驱动力,以使得微生物的细胞在电子传递磷酸化中合成 ATP[7-8]。也就是在电子供体的氧化反应和与之耦合的电子媒介的还原反应之间的活化能大于 20 kJ·mol^{-1} 时,电子媒介与微生物之间的电势差越小,即电子媒介的电势越低,越有利于微生物与电极之间的电子传递。

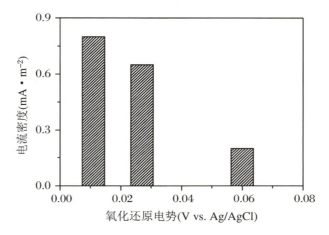

图 4.2　电流密度与酚嗪氧化还原电势之间的关系

4.3.2

亚甲基蓝的电化学特性

在修饰电极的制备中,采用循环伏安法将染料电化学沉积到碳纸的表面,循环伏安曲线如图 4.3 所示。在循环伏安曲线的第一圈时,碳纸表面尚未修饰上亚甲基蓝,此时的循环伏安曲线的氧化还原响应是由溶液中的亚甲基蓝产生的。其后,随着扫描周期的增加,第一周期出现的氧化峰峰电流先下降,然后开始增大,并且在更高电势处有新的氧化峰出现,新出现的氧化峰峰电流随扫描周期的增加而增大。还原峰的变化趋势与氧化峰类似,随着扫描周期的增加,在更高电势处出现新的还原峰。这表明亚甲基蓝分子在电极表面逐渐成膜,这层膜的氧化还原响应对应的是图中新出现的氧化还原峰。其峰电流增大的趋势则表明膜的厚度在逐渐增加。

低,获得的电流密度越大,在铁的还原过程中,电子媒介的氧化还原电势和两个反应之间的活化能控制铁的还原速率[6]。在电子传递的第一步,微生物将电子传递给电子媒介,电子供体的氧化还原和与之相耦合的电子媒介的氧化还原之间的活化能之差要大于 20 kJ·mol^{-1},也是最可能高的电子传递驱动力,以使得微生物的细胞在电子传递磷酸化中合成 ATP[7-8]。也就是在电子供体的氧化反应和与之耦合的电子媒介的还原反应之间的活化能大于 20 kJ·mol^{-1}时,电子媒介与微生物之间的电势差越小,即电子媒介的电势越低,越有利于微生物与电极之间的电子传递。

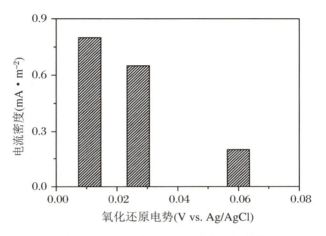

图 4.2 电流密度与酚嗪氧化还原电势之间的关系

4.3.2

亚甲基蓝的电化学特性

在修饰电极的制备中,采用循环伏安法将染料电化学沉积到碳纸的表面,循环伏安曲线如图 4.3 所示。在循环伏安曲线的第一圈时,碳纸表面尚未修饰上亚甲基蓝,此时的循环伏安曲线的氧化还原响应是由溶液中的亚甲基蓝产生的。其后,随着扫描周期的增加,第一周期出现的氧化峰峰电流先下降,然后开始增大,并且在更高电势处有新的氧化峰出现,新出现的氧化峰峰电流随扫描周期的增加而增大。还原峰的变化趋势与氧化峰类似,随着扫描周期的增加,在更高电势处出现新的还原峰。这表明亚甲基蓝分子在电极表面逐渐成膜,这层膜的氧化还原响应对应的是图中新出现的氧化还原峰。其峰电流增大的趋势则表明膜的厚度在逐渐增加。

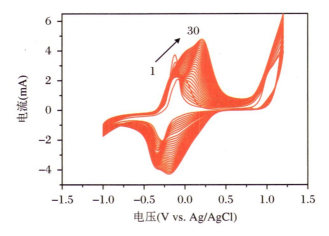

图 4.3　亚甲基蓝修饰过程中的 CV 曲线

在 pH＝7 的厌氧 *Shewanella* 基础培养基中加入 0.1 μmol·L^{-1} 的亚甲基蓝，以玻碳电极为工作电极，得到不同扫描速度的循环伏安曲线［图 4.4(a)］。在不同扫描速度下的循环伏安曲线中，亚甲基蓝均表现为一个氧化峰和一个还原峰，且氧化峰的峰电流和还原峰的峰电流之比接近于 1∶1。从图 4.4(b)氧化

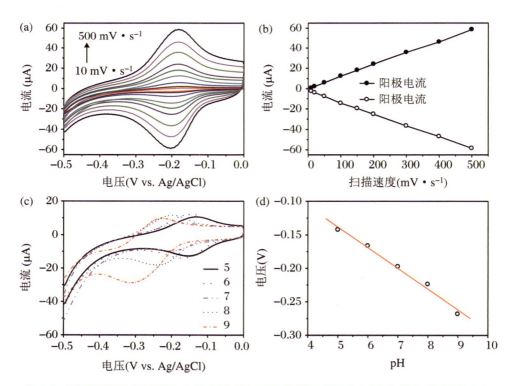

图 4.4　不同速度的 CV 曲线(a)；CV 峰电流与扫描速度的关系(b)；不同 pH 的 CV 曲线(c)；
　　　　CV 的半峰电势与 pH 的关系(d)

污染控制理论与应用前沿丛书
生物电化学系统的催化与污染转化过程

峰和还原峰的峰电流随扫描速度的变化曲线中可以看出，氧化峰的峰电流和还原峰的峰电流与扫描速度呈线性关系。氧化峰和还原峰的峰电位均与扫描速度无关。这说明亚甲基蓝在电极上的电化学反应是受传质控制的可逆的氧化还原反应。在亚甲基蓝的氧化还原过程中有质子的参与。从亚甲基蓝在不同 pH 下的循环伏安曲线[图 4.4(c)]可以看出，随着 pH 的增大，亚甲基蓝的氧化峰和还原峰向更负的方向偏移。并且亚甲基蓝的中点峰电势 $E_{1/2}$ 的变化与 pH 呈线性关系，且斜率接近于 30 mV，约是 59 mV 的 0.5 倍。根据 Nernst 方程，表明每转移两个电子就相应地转移一个质子[9]。在亚甲基蓝的 pK_a 处，即 pH 接近 5 时，亚甲基蓝在得失质子的过程中未必有电子的得失，所以该斜率在 pH 接近 pK_a 处有可能会偏离 59 mV·m·n^{-1}。

4.3.3

电聚合亚甲基蓝直接参与的生物催化

为了探索修饰电极的性能，以修饰的碳纸电极为工作电极组装反应器进行实验。对照组的工作电极为空白碳纸电极，所采用的菌种均为野生型的 *Shewanella oneidensis* MR-1。得到细菌在电极上的放电曲线如图 4.5 所示。图中共有两个峰，第一个峰是 *Shewanella oneidensis* MR-1 以 LB 中的酵母粉和蛋白胨为电子供体产生的。当 LB 中的电子供体被消耗完，电流下降至接近基线时，每个电解池注入 0.5 mL 的乳酸钠溶液。*Shewanella oneidensis* MR-1 以乳酸钠为电子供体，产生的电流形成第二个峰。以产生的最高电流值做比较，可以看出采用修饰电极的电解池的电流约是采用空白电极的电解池的 10 倍。说明修饰电极对微生物在电极上的放电有很好的促进作用。

本次实验中主要选取了 SO1778/SO1779 与 SO1776 突变株进行实验，考察细菌与修饰电极的相互作用。实验组的工作电极为亚甲基蓝修饰电极，而对照组的工作电极是空白碳纸电极，分别得到的 $\Delta omcA/mtrC$ 和 $\Delta mtrB$ 在电极上的放电曲线如图 4.5 所示。将 $\Delta omcA/mtrC$ 和 $\Delta mtrB$ 的放电曲线与野生菌的放电曲线作对比，可以看出不论是修饰电极还是空白电极作为工作电极，野生菌的放电电流都接近于 $\Delta omcA/mtrC$ 和 $\Delta mtrB$ 在相应电极上的放电电流的 10 倍。在不考虑未知蛋白的前提下，将 *Shewanella oneidensis* 的产电机理分为两部分，一是直接的表面接触，二是电子媒介与电极的相互作用。结合 $\Delta omcA/mtrC$ 和 $\Delta mtrB$ 的缺失蛋白可以得出，*Shewanella oneidensis* 是通过直接表面

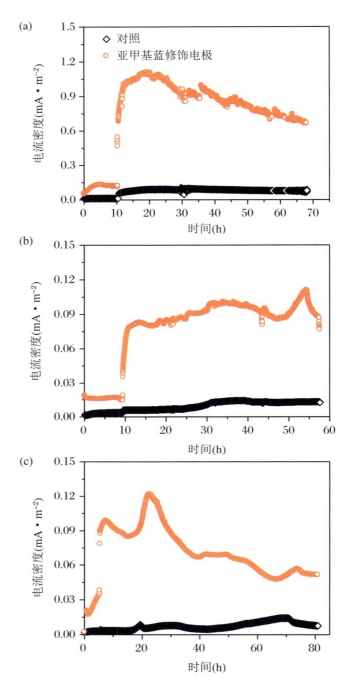

图 4.5　*Shewanella oneidensis* MR-1 在亚甲基蓝修饰电极
上的放电曲线(a);Δ*omcA*/*mtrC* 在亚甲基蓝修饰
电极上的放电曲线(b);Δ*mtrB* 在亚甲基蓝修饰电
极上的放电曲线(c)

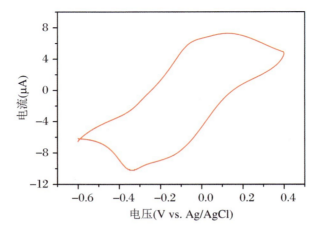

图 4.7　亚甲基蓝修饰 Au 电极在 B-R 缓冲液中的 CV 曲线

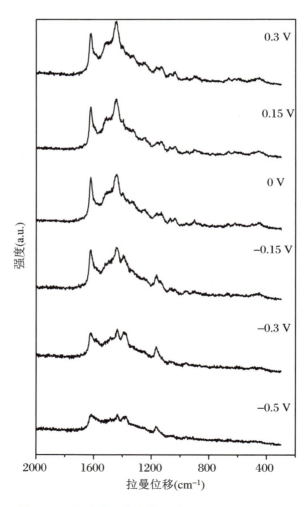

图 4.8　不同电势下的拉曼光谱图

都包含 MB 碳骨架的伸缩振动[ν(CC) 环 I + ν(CC) 环 III];而还原态只有在 1500 cm⁻¹(图 4.10)附近具有较大的振动强度。图 4.9 中的 1631 cm⁻¹、1609 cm⁻¹ 属于芳香环平面的 C—C 伸缩振动。

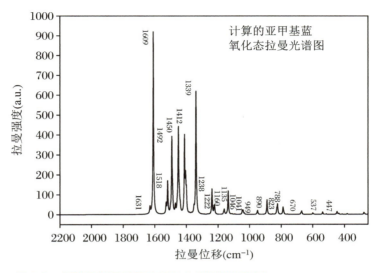

图 4.9　经计算的亚甲基蓝氧化态的拉曼光谱图

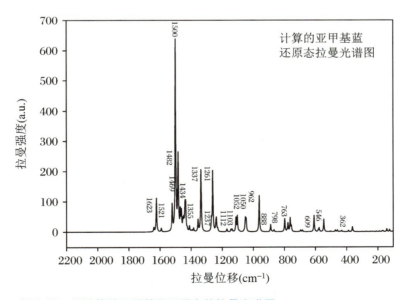

图 4.10　经计算的亚甲基蓝还原态的拉曼光谱图

计算结果显示在氧化态中 1492 cm⁻¹、1450 cm⁻¹ 处包含 C6—N7—C8 不对称伸缩振动,而在还原态中 1521 cm⁻¹、1334 cm⁻¹ 包含 C6—N7—C8 对称伸缩振动,在 1482 cm⁻¹、1355 cm⁻¹ 处则是 C6—N7—C8 不对称伸缩振动,在 1384 cm⁻¹、546 cm⁻¹ 处还有 C6—N7—C8 的剪式弯曲振动,这说明对于氧化态与还原态相似结构处的振动是有区别的。

由细胞色素 c 介导的电子转移可以实现远距离传递[10]。通过 Raman 光谱的分析结合电化学实验可知,在氧化过程中,亚甲基蓝将两个电子释放到电极,导致亚甲基蓝分子中环Ⅱ的减小;而在其被细菌还原的过程中,亚甲基蓝获得两个电子和一个质子,形成了新的 N—H 键,使得环Ⅱ变大(表 4.1,图 4.11)。氧化态的亚甲基蓝分子由于其较小的尺寸,为更接近于细胞色素 c 的活性中心提供了可能。因此,就是通过这种构型变化,亚甲基蓝分子与细胞色素 c 相互作用,实现了电子的传递。

表 4.1　亚甲基蓝氧化态与还原态经优化后的几何参数

键	长度（MB_{ox}^+）（Å）	长度（MB_{red}）（Å）
C3—N15	1.358	1.398
C12—N16	1.358	1.399
C6—N7	1.339	1.408
N7—C8	1.339	1.408
C5—S10	1.747	1.783
S10—C9	1.747	1.783
键角	MB_{ox}^+（°）	MB_{red}（°）
C6—N7—C8	123.171	120.983
C5—S10—C9	103.218	99.519

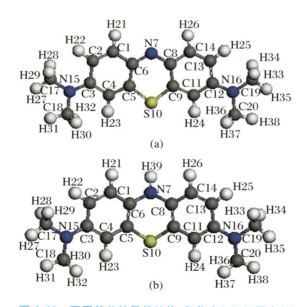

图 4.11　亚甲基蓝的最优结构:氧化态(a);还原态(b)

参考文献

［1］ MARSILI E，BARON D B，SHIKHARE I D，et al. *Shewanella secretes* flavins that mediate extracellular electron transfer［J］. Proceedings of the National Academy of Sciences of the United States of America，2008，105（10）：3968-3973.

［2］ SREELATHA S，VELVIZHI G，KUMAR A N，et al. Functional behavior of bio-electrochemical treatment system with increasing azo dye concentrations：synergistic interactions of biocatalyst and electrode assembly［J］. Bioresource Technology，2016，213：11-20.

［3］ TAKEDA K，IGARASHI K，YOSHIDA M，et al. Discovery of a novel quinohemoprotein from a eukaryote and its application in electrochemical devices［J］. Bioelectrochemistry，2020，131. DOI：10. 1016/j. bioelechem. 2019.107372.

［4］ KRIGE A，SJOBLOM M，RAMSER K，et al. On-line raman spectroscopic study of cytochromes' redox state of biofilms in microbial fuel cells［J］. Molecules，2019，24（3）. DOI：10.3390/molecules24030646.

［5］ BRETSCHGER O，OBRAZTSOVA A，STURM C A，et al. Current production and metal oxide reduction by *Shewanella oneidensis* MR-1 wild type and mutants［J］. Applied and Environmental Microbiology，2007，73（21）：7003-7012.

［6］ O'LOUGHLIN E J. Effects of electron transfer mediators on the bioreduction of lepidocrocite（γ-FeOOH）by *Shewanella putrefaciens* CN32 ［J］. Environmental Science & Technology，2008，42（18）：6876-6882.

［7］ SCHINK B. Energetics of syntrophic cooperation in methanogenic degradation［J］. Microbiology and Molecular Biology Reviews，1997，61（2）：262-280.

［8］ WOLF M，KAPPLER A，JIANG J，et al. Effects of humic substances and quinones at low concentrations on ferrihydrite reduction by *Geobacter metallireducens*［J］. Environmental Science & Technology，2009，43（15）：5679-5685.

［9］ WANG Y，NEWMAN D K. Redox reactions of phenazine antibiotics with ferric（hydr）oxides and molecular oxygen［J］. Environmental Science & Technology，2008，42（7）：2380-2386.

［10］ WIGGINTON N S，ROSSO K M，STACK A G，et al. Long-range electron transfer across cytochrome-hematite（α-Fe$_2$O$_3$）interfaces［J］. The Journal of Physical Chemistry C，2009，113（6）：2096-2103.

污染控制理论与应用前沿丛书
生物电化学系统的催化与污染转化过程

第 — **5** — 章

纳米材料强化阴极催化

5.1

锰氧化物纳米材料催化阴极氧还原

5.1.1

锰氧化物纳米材料催化阴极氧还原的研究方法

5.1.1.1　锰氧化物修饰电极的制备

在室温下的三电极体系中,锰氧化物通过电化学沉积到工作电极$[(5\times5)\,cm^2$,$200\,\mu m$ 日本东丽公司碳纸]上[1]。饱和甘汞电极(SCE)作为参比电极,铂丝电极作为对电极。电解液由 $0.1\,mol\cdot L^{-1}\,Na_2SO_4$ 和 $0.1\,mol\cdot L^{-1}\,Mn(CH_3COO)_2$ 组成。分别在四种电化学条件下制备锰氧化物修饰电极:CV-400,CV-500,CV-600和 CV-PS。其中,CV-400,CV-500 和 CV-600 采用循环伏安法制备:电势范围为$+0.6\sim+0.1\,V$(相对于 SCE);电解时间为 20 min;扫描速度依次为 $400\,mV\cdot s^{-1}$,$500\,mV\cdot s^{-1}$,$600\,mV\cdot s^{-1}$。CV-PS 采用循环伏安-直流交替循环电化学条件制备:循环伏安电势范围为 $+0.6\sim+0.3\,V$(相对于饱和甘汞电极),单循环电解时间为 30 s,扫描速度为 $250\,mV\cdot s^{-1}$;直流电势为 $+0.6\,V$(相对于 SCE),单循环电解时间为 90 s;循环次数为 20 次。

5.1.1.2　锰氧化物修饰电极的表征

采用 Sirion200 型扫描电子显微镜(FEI 公司)观察修饰电极发现结构以锰氧化物的形貌存在,工作时电压为 5.0 kV,放大倍数为 1.6×10^5。采用 ESCALAB 250 型 X 射线光电子能谱仪(Thermo-VG Scientific)分析样品,激发源为 Al-K_α 线。采用 MXPAHF 型 X 射线衍射仪(日本玛珂公司)对样品进行物相分析。

5.1.1.3 锰氧化物修饰电极对溶解氧的电化学响应实验

在室温下的三电极体系中,以锰氧化物修饰电极为工作电极,铂丝电极为对电极,Ag/AgCl 电极为参比电极。电解液为氧气饱和的磷酸盐缓冲溶液($0.5\ mmol \cdot L^{-1}\ Na_2HPO_4$ 和 $0.5\ mmol \cdot L^{-1}\ NaH_2PO_4$),通过通入不同量的氮气调节溶解氧的浓度。循环伏安条件:电势范围为 $-0.8 \sim 0.8\ V$,扫描速度为 $100\ mV \cdot s^{-1}$,循环数为 1 次。

5.1.1.4 锰氧化物修饰单室 MFC 运行实验

单室 MFC 主要由阳极、质子交换膜、空气阴极组成。阳极池为立方体形 $[(5 \times 5 \times 5)cm^3]$,使用活性炭纤维为阳极。出水口和进水口分别在连续流实验中连接出水管和入水管。质子交换膜$[(5 \times 5)cm^2$,全氟离子交换膜,北京金能公司]位于阳极室和碳纸空气阴极之间。MFCs 阴极为锰氧化物修饰的碳纸电极。单室 MFC 阳极接种细菌为厌氧污泥。MFC 底物为乙酸钠培养基。培养基配方:NaAc $1.00\ g \cdot L^{-1}$,KCl $0.130\ g \cdot L^{-1}$,$NH_4Cl\ 0.310\ g \cdot L^{-1}$,$Na_2HPO_4 \cdot 12H_2O\ 10.9\ g \cdot L^{-1}$,$NaH_2PO_4 \cdot 2H_2O\ 3.04\ g \cdot L^{-1}$,常量元素 $1\ mL \cdot L^{-1}$,微量元素 $1\ mL \cdot L^{-1}$。常量元素配方:$CaCl_2\ 10\ g \cdot L^{-1}$,$MgCl_2 \cdot 6H_2O\ 20\ g \cdot L^{-1}$,$FeCl_3\ 5\ g \cdot L^{-1}$。微量元素配方:$CoCl_2 \cdot 2H_2O\ 100\ mg \cdot L^{-1}$,$MnCl_2 \cdot 4H_2O\ 100\ mg \cdot L^{-1}$,$AlCl_3\ 50\ mg \cdot L^{-1}$,$(NH_4)_6Mo_7O_{24}\ 300\ mg \cdot L^{-1}$,$H_3BO_3\ 100\ mg \cdot L^{-1}$,$NiCl_2 \cdot 6H_2O\ 10\ mg \cdot L^{-1}$,$CuSO_4 \cdot 5H_2O\ 100\ mg \cdot L^{-1}$,$ZnCl_2\ 100\ mg \cdot L^{-1}$。

5.1.1.5 MFC 运行和数据采集

将制备的 CV-400,CV-500,CV-600,CV-PS 锰氧化物修饰碳纸电极、空白碳纸电极(未修饰的碳纸)和铂碳布电极$[(5 \times 5)cm^2$ 北京金能公司]依次装入单室 MFCs 中,使用蠕动泵从电池入水口连续注入 MFCs 底物,底物从出水口流出,流量约为 $430\ mL \cdot d^{-1}$。在电池外电路上连接 $1000\ \Omega$ 电阻,并使用自制的在线监测装置采集电阻两端的电压。反应器放入恒温摇床中,保持 30 ℃恒温。

5.1.1.6 极化曲线

将阻值 R 约为 $9.83\ k\Omega$,$6.72\ k\Omega$,$5.18\ k\Omega$,$3.00\ k\Omega$,$980\ \Omega$,$680\ \Omega$,$514\ \Omega$,

污染控制理论与应用前沿丛书
生物电化学系统的催化与污染转化过程

327 Ω,200 Ω,100 Ω,51 Ω,20 Ω,10 Ω 的电阻,依次连入 MFCs 外电路,每次连接后稳定 30 min,使用万用电表测量电阻两端的输出电压 U。最后测量开路电压。根据欧姆定律,可得 MFC 电流 I。根据功率 P 定义可得 MFC 的输出功率 P。又 MFC 阳极工程体积 $V = (5 \times 5 \times 5)\,\mathrm{cm}^3 = 125\,\mathrm{cm}^3$,即可得到 MFC 的输出功率密度和电流密度(相对于阳极体积)。以 MFC 电流密度为横坐标,MFC 输出功率密度和输出电压为纵坐标,即得极化曲线。

5.1.2

锰氧化物纳米材料催化阴极氧还原的机理解析

5.1.2.1 MnO$_x$ 修饰电极的表征

不同电化学条件下制备的 MnO$_x$ 电极 SEM 图清楚表明碳纸电极上均修饰有 MnO$_x$,且不同电化学条件下制备的锰氧化物在形态结构上存在显著差异(图 5.1)。CV-400 条件制备的 MnO$_x$ 为球形,直径约为 50 nm。CV-500 和

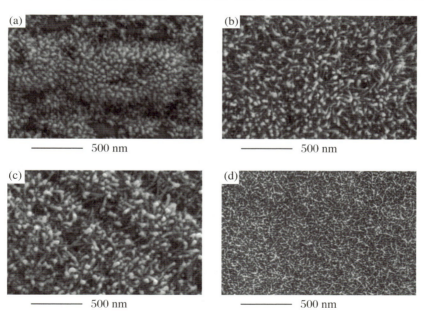

图 5.1 不同电化学条件下制备的锰氧化物电极 SEM 图:(a) CV-400;(b) CV-500;(c) CV-600;(d) CV-PS

CV-600 条件制备的锰氧化物为棒状,长度为 100～200 nm。CV-PS 条件制备的 MnO_x 为致密枝状。图 5.2 为不同电化学条件制备的 MnO_x XRD 谱图。由图 5.2 可知,4 个样品的 XRD 谱图基本相同,均在 2θ 为 54.5° 出现衍射峰。

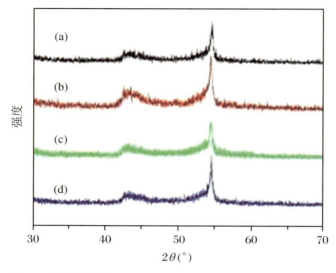

图 5.2　锰氧化物电极的 XRD 衍射图:(a) CV-400;(b) CV-500;
(c) CV-600 和(d) CV-PS

用 XPS 分析了不同纳米结构 MnO_x 电极样品中 Mn 的价态。由图 5.3 可知,四种样品谱图基本一致,表明样品主要含有 Mn、O 和 C 三种元素,其中 C 元素的主要来源是碳纸中的碳。表 5.1 总结了 Mn 2p,Mn 3s 和 O 1s 的图谱信

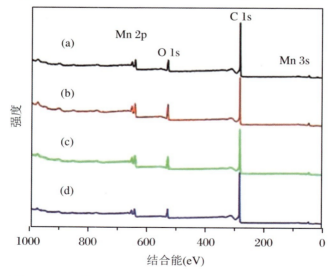

图 5.3　XPS 全谱扫描:(a) CV-400;(b) CV-500;(c) CV-600
和(d) CV-PS

息。在所用的电极样品图谱中，C 1s 主峰出现在 285 eV 处对应碳纸上石墨态的碳。而 Mn 的价态则通过 Mn 3 s 和 O 1s 峰来判断[2-3]。正如图 5.4 和表 5.1 所示，Mn 3 s 谱分裂为双峰，且双峰间的能量差从 CV-400 电极的 5.70 eV 递减为 CV-PS 电极的 4.91 eV，根据这个双峰间的能量差计算出对应的 Mn 的价态在 2.2～3.6 范围变化（表 5.1）。

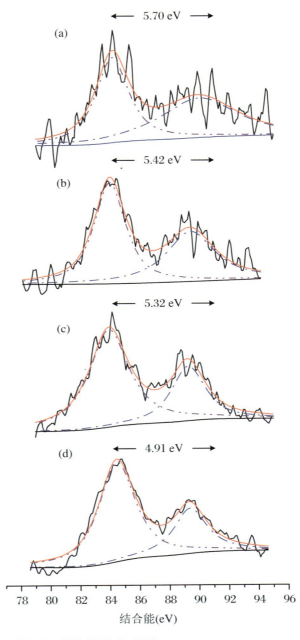

图 5.4　XPS 的 Mn 3s 结果

表 5.1　MnO$_x$ 的 XPS 峰结果分析

电极	Mn 3s (eV)			Mn 2p (eV)[c]		氧化态 Mn 3s/O 1s[d]	O 1s 结合能 (eV)	峰面积 (%)
	峰 1[a]	峰 2[a]	Δ eV[b]	2p$_{1/2}$	2p$_{3/2}$			
CV-400	89.93	84.23	5.70	653.9	642.4	2.2/2.3	532.74	20.38
							531.44	52.35
							530.03	30.77
CV-500	89.5	84.08	5.42	654.0	642.6	2.9/2.9	532.54	15.62
							531.41	44.82
							530.07	39.56
CV-600	89.29	83.97	5.32	653.9	642.4	3.1/3.1	532.78	22.35
							531.51	36.09
							530.04	41.56
CV-PS	89.36	84.45	4.91	654.1	642.6	3.6/3.4	532.56	20.11
							531.07	30.75
							530.05	49.14

注：[a] Mn 3s 双峰位置：峰 1 有较高结合能,峰 2 有较低结合能；[b] 峰 1 与峰 2 的能量差；[c] 峰位置处的结合能；[d] 第一项是 Mn 3s 的峰位移,斜线后的第二项是 O 1s 的峰位移。

　　CV-400,CV-500,CV-600,CV-PS 四种电极材料的 O 1s 谱也用来辅证 Mn 的价态(见图 5.5)。通过 O 1s 中 Mn—O—Mn 和 Mn—OH 组分的强度数据计算出四种材料中 Mn 的对应价态依次为 2.3,2.9,3.1,与通过 Mn 3s 谱计算的结果一致。

5.1.2.2　MnO$_x$ 修饰电极的氧气还原活性

　　图 5.6(a)为不同电化学条件制备的 MnO$_x$ 修饰电极在饱和溶解氧 PBS 中的 CV 图(CV-PS 电极背景电流太高,数据没有给出)。CV-400 在 -0.39 V vs. Ag/AgCl 处有一个氧气还原峰,相对于 CV-500 的 -0.45 V 而言,该峰的位置更正一些,表明 CV-400 良好的氧气还原性能。CV-400 与 CV-600 具有几乎一致的氧气还原电势,但是 CV-400 的峰电流得到了较大的提高。这充分说明 MnO$_x$ 纳米材料具有良好的分解氧气还原中间产物过氧化氢的能力。图 5.6(b)

污染控制理论与应用前沿丛书
生物电化学系统的催化与污染转化过程

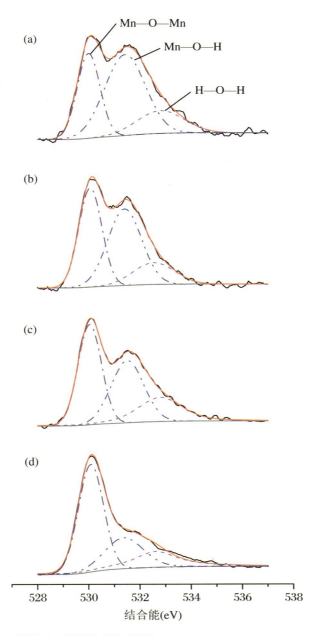

图 5.5　XPS 的 O 1s 结果

为 CV-400 在饱和氧气的 PBS 中不同速度的 CV 曲线，可以看出氧气还原的峰电流与扫描速度的平方根呈线性关系，这说明 MnO_x 对氧气的还原过程是一个由扩散控制的过程。

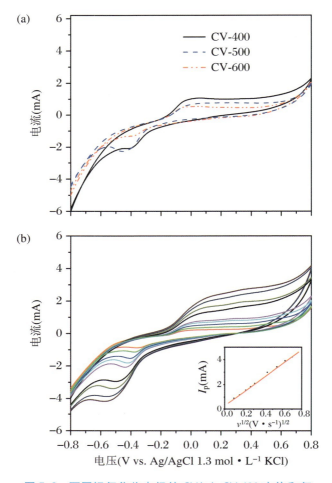

图 5.6　不同锰氧化物电极的 CV(a)；CV-400 在饱和氧
气的 PBS 中不同速度的 CV 曲线(b)。内插图：
峰电流与扫描速度平方根的关系

5.1.2.3　MFC 的产电性能

从图 5.6 和图 5.7 中可以看出，不同电化学条件制备的 MnO_x 修饰电极中，
CV-400 修饰电极 MFCs 性能最好，最大功率密度为 772.8 mW · m^{-3}，比空白碳
纸提高 226%；最大电流密度为 11200 mA · m^{-3}，比空白碳纸提高 208%。随着
制备时循环伏安扫速的增加，所制备的 MnO_x 修饰电极 MFC 的主要性能参数
都下降明显。而 CV-PS 修饰电极性能介于 CV-400 和 CV-500 范围。

污染控制理论与应用前沿丛书
生物电化学系统的催化与污染转化过程

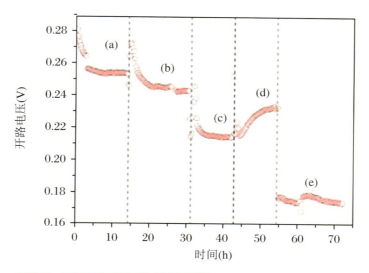

图 5.7　不同阴极的 MFC 的运行曲线

5.1.2.4　MnO$_x$ 催化行为与制备过程之间的关系

催化剂合成过程和电极制备过程影响着以 MnO$_x$ 做催化剂的 MFC 的性能[4]。在本研究中,阴极催化剂使用电化学沉积方法来简单可控地制备纳米结构材料。SEM 图表明,纳米 MnO$_x$ 的形貌很大程度上依赖电化学方法以及参数设置,这可以用不同条件下的成核动力学和晶体生长的差异来解释。如图 5.6(a)所示,纳米棒形貌的催化剂比纳米线性形貌的催化剂能使电极有更好的氧还原电化学活性,同样使用这种形貌的催化剂的 MFC 性能也是最好的(图 5.7 和图 5.8)。

在电化学制备过程中,MnO$_x$ 中 Mn 的价态是可控的(表 5.1)。因此,使用 CV 方法制备的不同 MnO$_x$ 纳米阴极材料的氧还原电化学活性和 MFC 性能都与 MnO$_x$ 中 Mn 的价态相关联。实验结果表明低价态的 Mn 会使 MFC 的性能增强。CV-400 内 Mn 的价态为 2.2,使用它作为电极的 MFC 能达到最高的功率密度:772.8 mW · m^{-3},而用 Mn 价态为 3.1 的 MnO$_x$ 做电极的 MFC 的功率密度只能达到 393.1 mW · m^{-3}。Mn 的不同价态代表 MnO$_x$ 的组分差异,其主要的组分有 MnO$_2$、Mn$_2$O$_3$、Mn$_3$O$_4$ 和 MnOOH,在 MnO$_x$ 中可能共同存在,每种物质在晶体结构、电化学活性和氧还原路径上都有很大的差异。

5.1.2.5　MnO$_x$ 的氧气还原机理

对于 MnO$_x$ 和其他电催化剂氧还原都是通过 4 电子或 2 电子过程实现:在 4

153

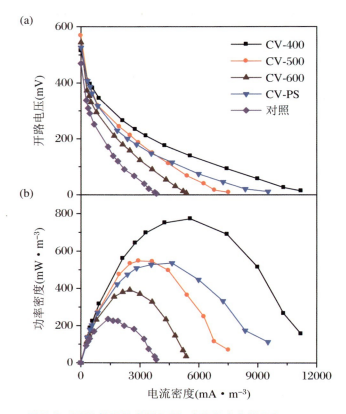

图 5.8 MFC 的极化曲线(a)和功率密度曲线(b)

电子过程中,将氧和电子、质子结合得到最终产物——水;在 2 电子过程中,生成过氧氢根中间体。过氧氢根有腐蚀性而引起膜变形或电极材料腐蚀,造成电化学电池的性能退化。因此,4 电子过程比 2 电子过程更高效。对于一个扩散控制的过程,25 ℃ 条件下氧还原过程涉及的电子转移数目可以通过 Randles-Sevcik 方程来估算[5]:

$$i_p = 0.4463 nFAC \left(\frac{nFvD}{RT} \right)^{1/2} \tag{5.1}$$

式中,n 为氧化还原对里半反应中的电子数目,v 为电势扫描速率(V·s^{-1}),F 是法拉第常数(96485 C·mol^{-1}),A 为电极面积(cm^2),R 是通用气体常数(8.314 J·mol^{-1}·K^{-1}),T 为绝对温度(K),D 为待测物的扩散系数(cm^2·s^{-1})。在 25 ℃ 条件下(298.15K),Randles-Sevcik 方程可以写为

$$i_p = (2.687 \times 10^5) n^{3/2} v^{1/2} D^{1/2} AC \tag{5.2}$$

结合图 5.8 和上述方程,我们可估算出该项研究中的 n 为 3.5,表明在中性pH 条件下 MnO$_x$ 纳米棒上基本能够实现 4 电子过程。在碱性溶液中使用旋转圆盘电极负载 MnO$_x$/C 也能得到同样的结论[6]。综上,该 MFC 阴极在中性 pH

污染控制理论与应用前沿丛书
生物电化学系统的催化与污染转化过程

条件下 MnO_x 纳米棒还原氧的过程和机制如图 5.9 所示,所包含的 4 步反应是从碱性体系条件的结论修正所得。

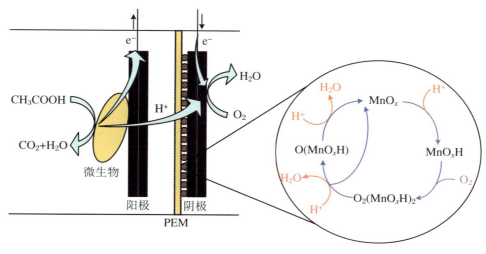

图 5.9　MnO_x 催还还原氧气示意图

微生物在阳极氧化有机底物得到的电子和质子被运输到阴极,质子进入 MnO_x 纳米棒(第一步反应)。第二步反应为氧气吸附反应,即每个氧原子吸附在电极表面相邻的两个 MOOH 的桥联吸附位点。第二个电子传递过程为整个过程的决速步(第三步反应)。第四步反应中 O_{ads} 被还原,这就是完整的还原氧产生 OH^- 的 4 电子过程。

反应 1:$MnO_x + H^+ + e^- \longrightarrow MnO_{x-1}OH$

反应 2:$2MnO_{x-1}OH + O_2 \longrightarrow [(MnO_{x-1}OH)O_{ads}]_2$

反应 3:$[(MnO_{x-1}OH)O_{ads}]_2 + e^- + H^+ \longrightarrow (MnO_{x-1}OH)O_{ads} + H_2O + MnO_x$

反应 4:$(MnO_{x-1}OH)O_{ads} + e^- + H^+ \longrightarrow MnO_x + H_2O$

5.2

MnO$_x$/PAn 纳米复合材料催化阴极氧还原

5.2.1

MnO$_x$/PAn 纳米复合材料催化阴极氧还原的研究方法

5.2.1.1 聚苯胺的制备方法

实验采用化学法合成聚苯胺(PAn)[7]，为了研究掺杂 CNTs 对合成的 PAn 结构和性质的影响，实验同时制备了 PAn 和 CNTs 掺杂的 PAn。取苯胺 750 mg 加入到 100 mL 1 mol·L^{-1} HCl 溶液中，得到苯胺盐溶液。取对苯二胺 20 mg 溶于最少量的甲醇中，得到对苯二胺甲醇溶液。取过硫酸铵 450 mg 溶解于 100 mL 1 mol·L^{-1} HCl 溶液中，得到过硫酸铵溶液。将苯胺盐溶液和对苯二胺甲醇溶液混合(制备 CNTs 掺杂的聚苯胺时，加入 10 mg CNTs)，超声 5 min。将过硫酸溶液迅速加入上述溶液并猛烈振摇 60 s。反应物静置 24 h。将静置产物装入透析袋，使用自来水连续流透析 12 h。聚苯胺透析液密封 4 ℃冷藏，以备使用。

聚苯胺合成过程如图 5.10 所示。

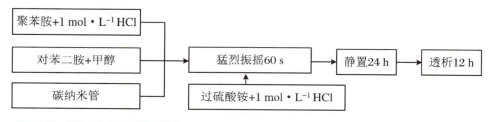

图 5.10　PAn 合成工艺流程图

污染控制理论与应用前沿丛书
生物电化学系统的催化与污染转化过程

5.2.1.2　MnO$_x$/PAn 的制备方法

实验采用化学共沉淀方法制备 MnO$_x$/PAn 和 CNTs 掺杂的 MnO$_x$/PAn。同时，为了比较 MnO$_x$/PAn 复合材料和 MnO$_x$ 的催化性能，实验采用化学共沉淀方法制备 MnO$_x$。在 A 烧杯中加入高锰酸钾 270 mg，并用蒸馏水 10 mL 溶解后 80 ℃ 水浴加热。在 B 烧杯中加入二氯化锰 63 mg 和聚苯胺透析液 40 mL（制备 CNTs 掺杂 MnO$_x$/PAn 催化剂时，加入 CNTs 掺杂的聚苯胺透析液 40 mL；制备锰氧化物催化剂，加入蒸馏水 40 mL），80 ℃ 水浴加热搅拌。将 A 烧杯中的高锰酸钾溶液逐滴加入 B 烧杯中。高锰酸钾加完后，B 烧杯继续 80 ℃ 水浴搅拌 30 min。B 烧杯冷却后，将溶液装入透析袋中透析 24 h。

5.2.1.3　MnO$_x$/PAn 修饰电极的制备方法

实验采用层层组装法制备修饰电极。将碳纸依次用 1 mol·L^{-1} HCl、蒸馏水、无水乙醇、蒸馏水洗涤。取聚苯胺透析液 10 mL（制备 CNTs 掺杂的 MnO$_x$/PAn 修饰电极时，取 CNTs 掺杂的聚苯胺透析液 10 mL；制备锰氧化物修饰电极时，取锰氧化物透析液 10 mL），异丙醇 6 mL，60% 聚四氟乙烯水溶液 6 mL，超声 5 min。将碳纸浸泡于上述溶液中 5 min。将浸泡后的碳纸放入烘箱 70 ℃ 烘干。

5.2.1.4　MnO$_x$/PAn 的表征方法

采用 JEOL-2010 型透射电子显微镜（日本电子公司）观察修饰电极表明结构以锰氧化物的形貌存在，工作时电压为 5.0 kV，放大倍数为 1.6×10^5。

5.2.1.5　MnO$_x$/PAn 修饰单室 MFC 运行实验

将制备的锰氧化物修饰电极，MnO$_x$/PAn 修饰电极，CNTs 掺杂的 MnO$_x$/PAn 修饰电极和铂碳电极依次装入空气阴极 MFC 中，使用蠕动泵从电池入水口连续注入 MFC 底物，废水从出水口流出，流量约为 430 mL·d^{-1}。在电池外电路上连接 1000 Ω 电阻，并使用在线监测采集电阻两端的电压。反应器放入恒温摇床中，保持 30 ℃ 恒温。采用线性扫描技术测定 MFC 的极化曲线。测试前，电池开路 6 h，扫描速度为 1 mV·s^{-1}。

5.2.2

MnO$_x$/PAn 纳米复合材料催化阴极氧还原的机理解析

5.2.2.1 MnO$_x$/PAn 的表征

图 5.11 是聚苯胺和 CNTs 掺杂的聚苯胺 SEM 图。聚苯胺是一维纳米线，而由 CNTs 诱导合成的聚苯胺纳米线则呈现出了絮状的大孔结构。由图 5.12 可知,CNTs 掺杂的聚苯胺中部分聚苯胺包裹在 CNTs 表面。

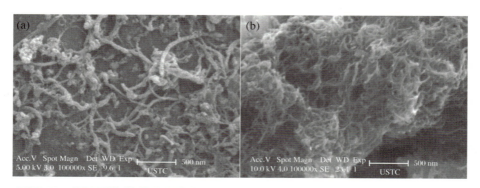

图 5.11　SEM 照片:聚苯胺纳米线(a);CNTs 掺杂的聚苯胺(b)

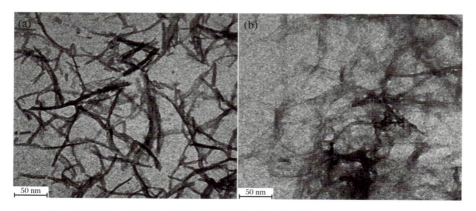

图 5.12　聚苯胺(a)和 CNTs 掺杂的聚苯胺(b)的 TEM 图

图 5.13 给出了样品 MnO$_x$/PAn 和 CNTs 掺杂 MnO$_x$/PAn 的 XPS 全谱。由图 5.13 可知,两样品表面主要含有 Mn、O、N、C 四种元素。

污染控制理论与应用前沿丛书
生物电化学系统的催化与污染转化过程

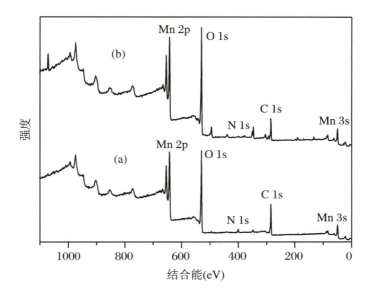

图 5.13 MnOₓ/PAn(a)和 MnOₓ/PAn-CNT s(b)表面全元素 XPS 图

图 5.13 MnO$_x$/PAn (a) 和 MnO$_x$/PAn-CNT s(b)表面全元素
      XPS 图

5.2.2.2 MnO$_x$/PAn 修饰电极 MFC 运行结果

MnO$_x$/PAn-CNTs、MnO$_x$/PAn 和 MnO$_x$ 修饰单室 MFC 阴极连续流实验
运行结果如图 5.14 所示。显然，掺杂 MnO$_x$/PAn 的 CNTs 修饰电极的催化氧
气还原性能高于另两种电极的催化氧气还原性能。

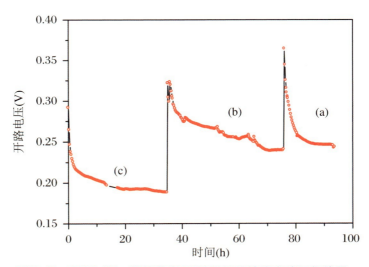

图 5.14 MnO$_x$/PAn 修饰单室 MFC 阴极连续流实验运行结果：
      (a) MnO$_x$/PAn-CNTs；(b) MnO$_x$/PAn；(c) MnO$_x$

5.2.2.3 极化曲线

MnO$_x$/PAn-CNTs、MnO$_x$/PAn 和 MnO$_x$ 修饰单室 MFC 阴极极化曲线结果如图 5.15 所示。

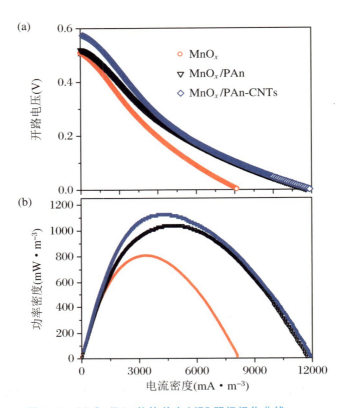

图 5.15　MnO$_x$/PAn 修饰单室 MFC 阴极极化曲线

由图 5.15 得到的不同修饰电极 MFC 的主要性能参数列于表 5.2 中。

表 5.2　不同修饰电极 MFC 的主要性能参数

电极类型	运行稳定电压 （mV）	最大功率密度 （mW·m^{-3}）	最大电流密度 （mA·m^{-3}）	内阻 （Ω）
MnO$_x$	190±2	804	8140	282
MnO$_x$/PAn	240±2	1040	11700	182
MnO$_x$/PAn-CNTs	245±2	1120	11900	243
Pt	472±1	4128	79760	12.4

从表 5.2 中可以看出，MnO$_x$/PAn 和 MnO$_x$/PAn-CNTs 修饰的单室 MFC

污染控制理论与应用前沿丛书
生物电化学系统的催化与污染转化过程

运行性能相对于 MnO_x 有明显提高。其中,运行稳定电压分别提高了 26% 和 29%,最大输出功率密度分别提高了 29% 和 39%,最大电流密度分别提高了 44% 和 46%,内阻分别减小了 35% 和 14%。以上结果表明,将锰氧化物负载到聚苯胺纳米线上,能提高催化剂的催化性能,降低修饰电极的电阻,提高空气阴极单室 MFC 的电池性能。这可能与聚苯胺纳米线比表面积较大和良好的导电性有关。

MnO_x/PAn 修饰电极和 MnO_x/PAn-CNTs 修饰电极催化还原性能差别不大,这可能是由于 CNTs 在溶液中团聚造成的。但是,需要指出的是,MnO_x/PAn 和 MnO_x/PAn-CNTs 修饰单室 MFC 运行性能仍远低于 Pt 碳。其中,运行稳定电压分别只有 Pt 碳修饰阴极 MFC 的 51% 和 52%,最大输出功率密度分别只有 Pt 碳修饰阴极 MFC 的 25% 和 27%,最大电流密度都只有 Pt 碳修饰阴极 MFC 的 15%,内阻分别是 Pt 碳修饰阴极 MFC 的 14.7 倍和 19.6 倍。

5.3

石墨烯/钯纳米颗粒催化阴极氧还原

电催化氧还原反应(oxygen reductive reaction,ORR)是 BES 阴极的最重要的反应之一。为了提高 BES 的产电能力,除了改善阳极的表现外,使其高效地在阴极催化还原氧气、降低阴极的电势损失也是关键。之前我们讨论了在 BES 中常见的 ORR 催化剂[8-9]。Pt 的 ORR 性能优异,但缺点是价格昂贵且在 BES 运行环境下容易失活。而其他报道的非 Pt 催化剂通常不能进行完全的 4 电子氧气还原,从而产生电化学能量损失。在第 3 章中,我们证实了 Pd 在 HER 中的优异性能,更重要的是,在实际的 BES 运行环境中,商品化的 Pt 催化剂容易受溶液的杂质干扰,其效率不如 Pd,这说明了 Pd 是一种适合 BES 环境的良好催化剂。除了优异的产氢能力,Pd 也是重要非 Pt 型 ORR 催化剂,其在酸性或碱性条件下的 ORR 能力已被很多文献报道[10-12]。

催化剂的载体对于催化剂的性能也有重要的影响。常用的 Pt 和 Pd 等金属催化剂的载体是炭黑。近年来,石墨烯和石墨烯氧化物用作载体形成纳米复合材料成为了材料研究领域中的一颗新星。这些复合材料被广泛地用在各种应用体系,如电子器件、电池、超级电容器、燃料电池和电催化等[13-16]。研究发现,石墨烯作为一种载体能够提高催化剂的活性和稳定性。理论计算研究认为,金属和石墨烯的相互作用能够改变它们的费米能级,在促进催化剂的催化活性中有重要的作用[17-18]。因此,将 Pd 和石墨烯复合构成纳米复合材料有望获得一种性能优异的 ORR 催化剂。

目前,合成石墨烯/金属复合材料的方法可以分成两大类,即原位生长策略和异位组装策略[13]。简单地说,异位组装的方法是先分别合成金属纳米材料和石墨烯,然后通过表面官能团修饰使两者结合[19-22]。这种方法常常需要复杂的表面修饰过程,并且纳米颗粒在石墨烯上不易均匀分布。对比而言,原位生长方法是直接在石墨烯表面生长纳米颗粒,采用的办法有化学还原、溶剂热还原和电化学沉积等[23-32]。在这些过程中,为了获得均匀分布的纳米颗粒,常常需要加入表面活性剂,反应的控制也比较复杂,这些因素都限制了原位生长法的应用。因此,还需要开发一种更简便和更易于控制的方法来合成石墨烯/金属纳米复合物。

在本章中,我们应用光化学还原的方法来原位制备 Pd 和石墨烯的纳米复合材料。在文献中常见的光化学还原过程采用激光作为光源,或者采用半导体作为基底,所得的产物缺乏良好的形貌控制和尺寸控制[24,29,31-35]。为了得到尺寸均一、分布均匀的 Pd/石墨烯复合物,我们利用柠檬酸盐辅助的光化学还原法,将 Pd 的前驱物和氧化石墨烯(GO)同步还原,得到均匀的还原氧化石墨烯(rGO)和 3 nm 的 Pd 纳米颗粒复合物(rGO-Pd),并利用电化学方法测试了rGO-Pd 的 ORR 催化活性和稳定性。

5.3.1

石墨烯/钯纳米颗粒催化阴极氧还原的研究方法

5.3.1.1　石墨烯/钯纳米颗粒合成

实验中所用的化学试剂除特别说明外,均购于国药集团化学试剂有限公司,纯度为分析纯。氧化石墨烯(GO)使用改良的 Hummers 法来制备[36-37]。将 0.5 g 石墨粉($<30~\mu m$),0.5 g $NaNO_3$ 和 23 mL H_2SO_4 在冰水浴中搅拌使其充分混合均匀,缓慢加入 3 g $KMnO_4$(10 min)。接着剧烈搅拌,升温至 35 ℃并维持 1 h。

随后,加入 40 mL 去离子水后继续升温至 90 ℃并维持 30 min。最后,移开水浴后加入 100 mL 去离子水使其发生淬灭反应。加入 3% H_2O_2 以去除未反应的 $KMnO_4$ 和 MnO_2。在室温下搅拌溶液 4 h 后反复离心洗涤纯化产物,直至溶液中没有硫酸根检出[用 $Ba(NO_3)_2$ 检测硫酸根离子]。最终获得的沉淀分散在 50 mL 水中并超声 10 min 以充分溶解。用 3000 g 离心转速运行 5 min 去除溶液中未溶解的固体后,棕色均相的上清液即为所得 GO 溶液。取定量体积溶液于 60 ℃充分干燥后称重可知,GO 水溶液的浓度为 4.65 mg·mL^{-1}。

为制备钯-石墨烯复合物(rGO-Pd),取 1 mL 上述的 GO 溶液,0.68 mL Na_2PdCl_4(阿拉丁试剂有限公司,中国上海)和 0.5 g 柠檬酸钠溶于 49.8 mL 去离子水(18.2 MΩ·cm)中充分混合。然后将溶液转移到带石英窗口的玻璃瓶中,曝 N_2 除氧后密封。使用 500 W 高压汞灯作为光源照射溶液 12 h。反应结束后获得的悬浮物依次用去离子水、乙醇和异丙醇抽滤并充分洗涤。最终沉淀分散在异丙醇中(含 0.05% Nafion)以待电化学测试使用。

制备 Pd 纳米颗粒的方法与上述制备 rGO-Pd 的方法相同,只是反应物中不加入 GO 溶液。

制备钯/石墨烯混合物(rGO/Pd 混合物)时,使用上述方法分别制备 rGO 和 Pd 纳米颗粒,然后将此两者通过超声混合。

5.3.1.2 表征测试

材料的 X 射线衍射(XRD,Rigaku,日本)谱图通过一台 Rigaku TTR-Ⅲ型 XRD 仪获取。使用 JEOL-2010 型高分辨透射电子显微镜(HRTEM,JEOL,日本)对材料的形貌与成分进行表征。紫外-可见(UV-Vis)吸收光谱通过一台 UV-2450 型 UV-Vis 吸收光谱仪(Shimadzu,日本)获得,扫描的波长范围为 200~800 nm。rGO-Pd 和 rGO/Pd 混合物中 Pd 的含量用 Optima 7300 DV 型电感耦合等离子体发射光谱仪(ICP-AES,Perkin-Elmer,美国)进行测定。

5.3.1.3 电化学表征

将玻碳电极(GCE,直径 5 mm,Pine 仪器有限公司,美国)作为工作电极,每次实验前依次用 0.3 μm 和 0.5 μm 的氧化铝粉进行机械抛光,并用去离子水浸泡电极头和超声去除多余的氧化铝粉。接着在 0.5 mol·L^{-1} 的 H_2SO_4 溶液中进行电抛光,使用循环伏安法(CV)在 -0.8~1.2 V vs. RHE 的电势窗口中进行反复扫描,以去除电极头表面的微量杂质。然后将 20 μL 催化剂溶液小心地滴在电极头上的玻碳区域,自然干燥后即可进行电化学测试。

所有的电化学测试均使用标准的三电极体系。催化剂的电化学活性面积(ECSAs)参考文献[38]的方法进行测量。在 0.1 mol・L^{-1} KOH 中进行 CV 测试,扫描速度为 50 mV・s^{-1},设置的电极电势上限从 0.96 V 到 1.46 V 不等。氧还原反应(ORR)测试在饱和 O$_2$ 的 0.1 mol・L^{-1} KOH 溶液中进行,扫描速度为 5 mV・s^{-1},并将旋转圆盘的转速设置为 1600 r・min^{-1}。稳定性测试中,设置电势窗为 0.36～0.86 V,扫描速度为 50 mV・s^{-1},周期为 4000 圈。

5.3.2

石墨烯/钯纳米颗粒催化阴极氧还原的机理解析

5.3.2.1 材料表征

图 5.16 的 TEM 照片显示,通过柠檬酸盐辅助光化学还原所得的 Pd 纳米颗粒的粒径约为 3 nm,均匀分散在 rGO 表面,没有明显团聚现象。从 HRTEM 图片[图 5.16(b)]可知,rGO 上生成的 Pd NPs 有清晰的晶格条纹。从这连续的晶格条纹中可以测出晶面间距约为 0.23 nm,符合面心立方的 Pd(111)数据。图 5.16(b)中的小图为对应的选区电子衍射(SAED)的花纹,呈现环形,对应晶面(111)和(200)的衍射,结果表明这些 Pd 颗粒具有多晶性。反应后的 rGO-Pd

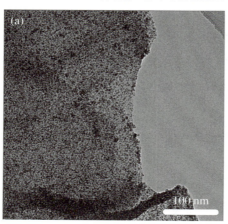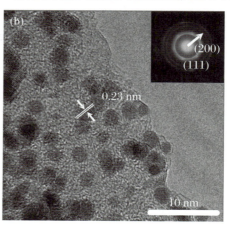

图 5.16　rGO-Pd 的 TEM 照片(a)和 HRTEM 照片(b);(b)中内插图为 SAED 图

的 XRD 图谱（图 5.17）也出现了面心立方的 Pd 的典型峰，进一步证实了金属 Pd 生成。图 5.18 显示的是在不添加 GO 作为基底时得到的 Pd 纳米颗粒和相应的 rGO/Pd 混合物，从图中可以看出，在没有 GO 的情况下制备得到的 Pd 纳米颗粒团聚现象十分严重，这可能意味着柠檬酸钠在制备过程中无法作为有效的表面活性剂。图 5.18(a)显示，由大量细小的 Pd 纳米颗粒团聚而成的 Pd 集聚体直径约为 40 nm。将这些 Pd 颗粒和光还原后得到的 rGO 超声混合后得到 rGO/Pd 混合物，其中的 Pd 纳米颗粒在 rGO 表面依然呈现团聚倾向。

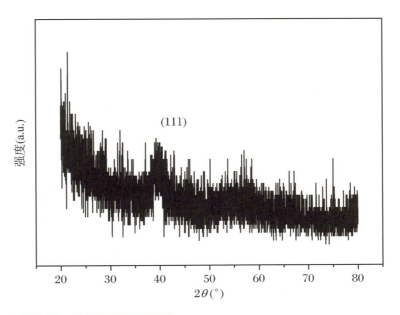

图 5.17　rGO-Pd 的 XRD 谱图

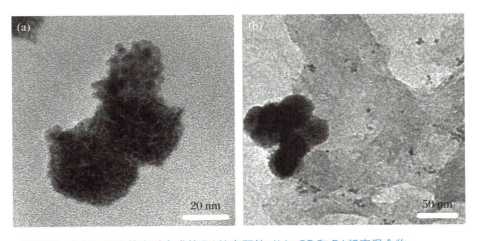

图 5.18　(a) 无 GO 基底时合成的 Pd 纳米颗粒；(b) rGO 和 Pd 超声混合物

为进一步研究光照在合成反应中的作用，我们进行了对照实验，即不加光照或使用可见光作为光源,其他反应条件相同。但是这两组对照实验均无法得到 rGO 或金属 Pd。这表明紫外光对于 GO 和 Pd(Ⅱ)的还原具有重要作用。我们使用 UV-Vis 进一步证实了这一结论。如图 5.19 所示,$PdCl_4^{2-}$ 在紫外段有强吸收带,在 415 nm 处有一个弱吸收峰。GO 本身的吸收区间在 200～400 nm,且吸收很弱。然而,当混合 $PdCl_4^{2-}$ 和 GO 后,在 305 nm 处出现了一个新的宽吸收峰,这意味着两者之间存在相互作用。在继续加入柠檬酸钠后,在 250 nm 处出现了一个新的吸收峰,GO 也在 216 nm 处出现了一个强吸收峰。以上光谱数据表明柠檬酸钠与 $PdCl_4^{2-}$ 或 GO 之间存在配位现象。当施加光照后,紫外光激发光热能量转化,从而导致了 Pd^{2+} 和 GO 的还原[31]。另外,柠檬酸钠不仅充当还原剂,还起到了增强光照吸收效率的作用。

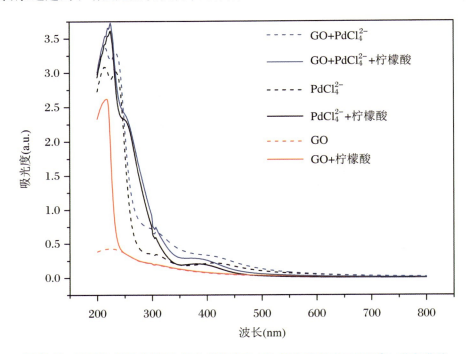

图 5.19　UV-Vis 吸收光谱图,红色曲线表示 GO,黑色曲线表示 $PdCl_4^{2-}$,蓝色曲线
表示 GO + $PdCl_4^{2-}$,虚线和实线分别表示添加柠檬酸钠前后的状态

　　基于以上分析,我们得出有关 Pd(Ⅱ)在 GO 表面还原的过程,如图 5.20 所示。在水溶液中,GO 由于富含大量含氧官能团和缺陷而带负电。这将有利于 Pd 离子的吸附[39]。在有柠檬酸钠和光照共同存在时,Pd 离子在 GO 缺陷位点缓慢成核并生长为小颗粒。与此同时,GO 本身也处在还原过程中。重要的是,在 GO 表面和 Pd 核之间存在很强的螯合作用,使得 Pd 成核分布较为分散而不团聚[25]。另外,缓慢的还原生长过程也避免了 Pd 核的过度生长导致与周围的 Pd 核团聚。由此我们获得了在 rGO 上均匀分布的小粒径 Pd 纳米颗粒。

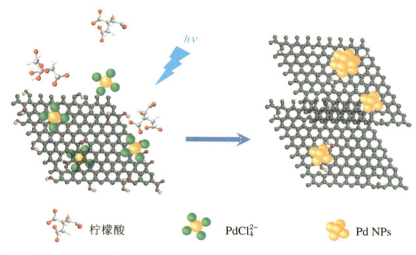

柠檬酸　　　　　PdCl$_4^{2-}$　　　　　Pd NPs

图 5.20　rGO-Pd 合成机理示意图

5.3.2.2　电化学性能测试

所制得的三种纳米材料先在饱和 N$_2$ 的 0.1 mol·L^{-1} KOH 中进行 CV 测试，结果如图 5.21 所示。从图中可以发现，三种催化剂的 Pd 还原起始电势很接近，在 0.85 V 左右。rGO/Pd 混合物的 CV 曲线在 0.3～0.6 V 的电势范围内存在一个很宽的还原平台，这对应的是 rGO 的电化学活性[40]。然而，rGO-Pd 并未在其 CV 曲线中表现出类似的还原平台，而是与纯的 Pd 纳米颗粒的表现更为接近，只是由于有 rGO 作为基底才出现了比后者更大的双电层电容。这个现象十分有趣，rGO-Pd 与 rGO/Pd 混合物有相同的物质成分与组成，但却在 CV 曲线上迥异，这很可能是因为两者的制备方法不同造成的。rGO/Pd 混合物由超声混匀 Pd 纳米颗粒和 rGO 而得，在此过程中很可能有一些 Pd NPs 被 rGO 包裹而不能与电解液进行有效接触，而 rGO 就暴露了更多的表面积，因此 rGO/Pd 混合物的电化学行为更接近于 rGO。

我们选择用旋转圆盘电极(RDE)进行 ORR 测试来进一步表征催化剂的催化性能。在 O$_2$ 饱和的 0.1 mol·L^{-1} KOH 中进行极化曲线测试，结果如图 5.22 所示。作为对比，我们也使用了商用的 Pt/C 进行了测试。从图中可以看出，rGO-Pd 表现出与商用 Pt/C 相当的 ORR 活性，只是其起始电势较商用 Pt/C 而言稍负。然而，从半波电势来看，rGO-Pd 的为 0.734 V，比商用 Pt/C 的正偏移了约 20 mV。这意味着在 ORR 体系中，rGO-Pd 的动力学反应速率比 Pt/C 更快。rGO/Pd 混合物和 Pd NPs 的 ORR 活性较低，应当是由于两者所含 Pd 纳

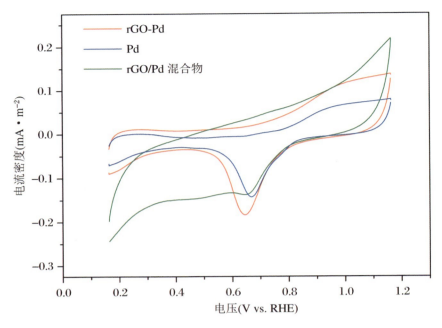

图 5.21　rGO-Pd、Pd 和 rGO/Pd 混合物在 0.1 mol·L⁻¹ KOH 溶液中的 CV 曲线

米颗粒团聚较为严重。另外,rGO/Pd 混合物的活性比 Pd 好,这恰恰证实了 rGO 的存在促进了催化剂的电化学活性提升。参考 K-L 方程[方程(5.3)],我们使用图 5.22(a)中 0.765 V 处对应的电流数据可以计算得到动力学电流值。

$$\frac{1}{i} = \frac{1}{i_k} + \frac{1}{i_d} \tag{5.3}$$

式中,i_k 表示动力学电流,i_d 表示极限扩散电流。

　　表 5.3 中总结了所有测试的催化剂的半波电势和动力学电流(质量活性)。从表中可以看到,rGO-Pd 具有最正的半波电势和最佳的质量活性,并且其质量活性略优于商用 Pt/C,为 0.088 mA·μg⁻¹。这说明 rGO 作为一种载体能够有效地提高催化剂的活性。此外,无载体的 Pd 纳米颗粒和 rGO/Pd 混合物的质量活性较低。有意思的是,rGO/Pd 的半波电势优于 Pd,然而其质量活性却相比更低。这一现象说明在 rGO/Pd 样品中 Pd 的有效利用率不够,这可以通过该样品的制备过程得以解释。如前所述,rGO/Pd 是通过将两者物理混合而得,在这一过程中可能会造成部分 Pd 颗粒被 rGO 包裹,减少了 Pd 与电解液接触的有效面积,从而使其质量活性下降。这一结论也与前面的 CV 测试结果相印证。LSV 测试证实了 rGO-Pd 具有比商用 Pt/C 更优越的 ORR 活性。

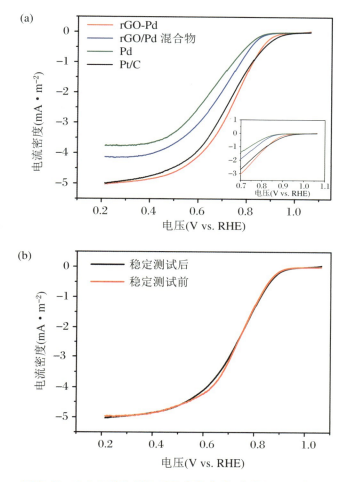

图 5.22　(a) 各催化剂的 ORR 极化曲线,内插图显示的是极化曲线起始段的局部放大;(b) 稳定性测试前、后 rGO-Pd 的 ORR 极化曲线对比

表 5.3　各催化剂的半波电势对比以及在 0.765 V 时的质量活性

	$E_{1/2}$(V vs. RHE)	质量活性(mA·μg^{-1})
rGO-Pd	0.734	0.088
rGO/Pd 混合物	0.687	0.058
Pd	0.657	0.068
商用 Pt/C	0.713	0.085

　　我们在 0.36~0.86 V 的电势窗中以 50 mV·s^{-1} 的扫描速度对催化剂进行老化测试,测试圈数为 4000 圈。在稳定性测试后我们再次进行了 ORR 测试,结果如图 5.22(b) 和图 5.23 所示。对比 rGO-Pd 在稳定性测试前、后的极化曲

线[图 5.22(b)]，可以发现两条曲线的重合率很高，这表明老化测试后 rGO-Pd 的 ORR 活性变化很小。然而 rGO/Pd 混合物和 Pd NPs 的比较结果则表明，两者在老化后 ORR 活性降低了许多。

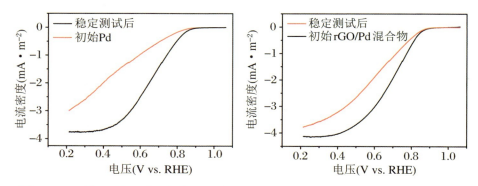

图 5.23　Pd 和 rGO/Pd 混合物的 ORR 稳定性测试结果

　　上述性能测试的结果表明，rGO 是一种优秀的碳载体，可以有效提高 Pd 金属的活性和稳定性。这种促进可以用拉伸应变作用来解释。一方面，当 Pd 与石墨烯接触，Pd 层的拉伸应变作用导致与 rGO 之间发生电子交换传递过程，促进了两者之间的相互作用，同时维持了石墨烯中充足的 π 电子以供导电。因此，rGO-Pd 表现出优越的 ORR 活性。另一方面，rGO/Pd 混合物和 Pd NPs 的低活性很可能是由于此两者中团聚的 Pd 纳米颗粒粒径太大，削弱了拉伸应变作用的影响，团聚的 Pd 颗粒的表现更接近于块体的 Pd 材料。

参考文献

［1］　CHOU S L，WANG J Z，CHEW S Y，et al. Electrodeposition of MnO$_2$ nanowires on carbon nanotube paper as free-standing, flexible electrode for supercapacitors［J］. Electrochemistry Communications，2008，10（11）：1724-1727.

［2］　THERESE G H A，KAMATH P V. Electrochemical synthesis of metal oxides and hydroxides［J］. Chemistry of Materials，2000，12(5)：1195-1204.

［3］　TOUPIN M，BROUSSE T，BELANGER D. Influence of microstucture on the charge storage properties of chemically synthesized manganese dioxide ［J］. Chemistry of Materials，2002，14(9)：3946-3952.

［4］　VALIPOUR A，HAMNABARD N，MESHKATI S M H，et al. Effectiveness of phase and morphology-controlled MnO$_2$ nanomaterials derived from flower-like delta-MnO$_2$ as alternative cathode catalyst in microbial fuel cells[J]. Dalton Transactions，2019，48(16)：5429-5443.

［5］ LIU X W，SUN X F，HUANG Y X，et al. Nano-structured manganese oxide as a cathodic catalyst for enhanced oxygen reduction in a microbial fuel cell fed with a synthetic wastewater[J]. Water Research，2010，44(18)：5298-5305.

［6］ ROCHE I，CHAINET E，CHATENET M，et al. Carbon-supported manganese oxide nanoparticles as electrocatalysts for the Oxygen Reduction Reaction (ORR) in alkaline medium：physical characterizations and ORR mechanism[J]. Journal of Physical Chemistry C，2007，111(3)：1434-1443.

［7］ TRAN H D，WANG Y，D'ARCY J M，et al. Toward an understanding of the formation of conducting polymer nanofibers[J]. ACS Nano，2008，2(9)：1841-1848.

［8］ HARNISCH F，SCHRÖDER U. From MFC to MXC：chemical and biological cathodes and their potential for microbial bioelectrochemical systems [J]. Chemical Society Reviews，2010，39(11)：4433-4448.

［9］ ZHOU M，CHI M，LUO J，et al. An overview of electrode materials in microbial fuel cells[J]. J Power Sources，2011，196(10)：4427-4435.

［10］ ZHANG H，JIN M，XIONG Y，et al. Shape-controlled synthesis of Pd nanocrystals and their catalytic applications[J]. Acc. Chem. Res.，2012，46(8)：1783-1794.

［11］ CHEN W W，LIU Z L，LI Y X，et al. A novel stainless steel fiber felt/Pd nanocatalysts electrode for efficient ORR in air-cathode microbial fuel cells [J]. Electrochimica Acta，2019，324. DOI：10.1016/j. electacta. 2019.134862.

［12］ YANG G X，WANG Y F，XU L B，et al. Pd nanochains：Controlled synthesis by lysine and application in microbial fuel cells[J]. Chemical Engineering Journal，2019，379. DOI：10.1016/j. cel. 2019.122230.

［13］ HUANG X，QI X，BOEY F，et al. Graphene-based composites[J]. Chem. Soc. Rev.，2012，41(2)：666-686.

［14］ YIN Z，ZHU J，HE Q，et al. Graphene-based materials for solar cell applications[J]. Advanced Energy Materials，2013，4(1). DOI：10.1002/aenm.201300574.

［15］ SENTHILKUMAR N，AZIZ M A，PANNIPARA M，et al. Waste paper

derived three-dimensional carbon aerogel integrated with ceria/nitrogen-doped reduced graphene oxide as freestanding anode for high performance and durable microbial fuel cells[J]. Bioprocess and Biosystems Engineering，2020，43(1)：97-109.

[16] LI Z H，LIU R J，TANG C，et al. Cobalt nanoparticles and atomic sites in nitrogen-doped carbon frameworks for highly sensitive sensing of hydrogen peroxide[J]. Small，2020，16(15). DOI：10.1002/smll.201902860.

[17] GIOVANNETTI G，KHOMYAKOV P，BROCKS G，et al. Doping graphene with metal contacts[J]. Phys. Rev. Lett.，2008，101(2)：026803.

[18] WANG Q J，CHE J G. Origins of distinctly different behaviors of Pd and Pt contacts on graphene[J]. Phys. Rev. Lett.，2009，103(6)：066802.

[19] CAO A，LIU Z，CHU S，et al. A facile one-step method to produce graphene-CdS quantum dot nanocomposites as promising optoelectronic materials[J]. Adv. Mater.，2010，22(1)：103-106.

[20] HUANG J，ZHANG L，CHEN B，et al. Nanocomposites of size-controlled gold nanoparticles and graphene oxide：formation and applications in SERS and catalysis[J]. Nanoscale，2010，2(12)：2733-2738.

[21] GUO S，SUN S. FePt nanoparticles assembled on graphene as enhanced catalyst for oxygen reduction reaction[J]. J. Am. Chem. Soc.，2012，134(5)：2492-2495.

[22] GUO S，ZHANG S，WU L，et al. Co/CoO nanoparticles assembled on graphene for electrochemical reduction of oxygen[J]. Angew. Chem. Int. Ed.，2012，51(47)：11770-11773.

[23] KIM Y-T，HAN J H，HONG B H，et al. Electrochemical synthesis of CdSe quantum-dot arrays on a graphene basal plane using mesoporous silica thin-film templates[J]. Adv. Mater.，2010，22(4)：515-518.

[24] NG Y H，IWASE A，KUDO A，et al. Reducing graphene oxide on a visible-light $BiVO_4$ photocatalyst for an enhanced photoelectrochemical water splitting[J]. Journal of Physical Chemistry Letters，2010，1：2607-2612.

[25] CHEN X，WU G，CHEN J，et al. Synthesis of "clean" and well-dispersive Pd nanoparticles with excellent electrocatalytic property on graphene oxide[J]. J. Am. Chem. Soc.，2011，133(11)：3693-3695.

[26] HUANG X，LI S，HUANG Y，et al. Synthesis of hexagonal close-packed gold nanostructures[J]. Nature Communications，2011，2：292-297.

[27] LI Y，WANG H，XIE L，et al. MoS$_2$ nanoparticles grown on graphene：an advanced catalyst for the hydrogen evolution reaction[J]. J. Am. Chem. Soc.，2011，133(19)：7296-7299.

[28] LIANG Y，LI Y，WANG H，et al. Co$_3$O$_4$ nanocrystals on graphene as a synergistic catalyst for oxygen reduction reaction[J]. Nature Materials，2011，10(10)：780-786.

[29] MOUSSA S，ABDELSAYED V，SAMY EL-SHALL M. Laser synthesis of Pt，Pd，CoO and Pd-CoO nanoparticle catalysts supported on graphene[J]. Chem. Phys. Lett.，2011，510(4/6)：179-184.

[30] YANG J，TIAN C，WANG L，et al. An effective strategy for small-sized and highly-dispersed palladium nanoparticles supported on graphene with excellent performance for formic acid oxidation[J]. J. Mater. Chem.，2011，21(10)：3384-3390.

[31] MOUSSA S，SIAMAKI A R，GUPTON B F，et al. Pd-partially reduced graphene oxide catalysts（Pd/PRGO）：laser synthesis of Pd nanoparticles supported on PRGO nanosheets for carbon：carbon cross coupling reactions [J]. ACS Catalysis，2012，2(1)：145-154.

[32] GU H，YANG Y，TIAN J，et al. Photochemical synthesis of noble metal （Ag，Pd，Au，Pt）on graphene/ZnO multihybrid nanoarchitectures as electrocatalysis for H$_2$O$_2$ reduction[J]. ACS Applied Materials & Interfaces，2013，5(14)：6762-6768.

[33] ABDELSAYED V，MOUSSA S，HASSAN H M，et al. Photothermal deoxygenation of graphite oxide with laser excitation in solution and graphene-aided increase in water temperature[J]. Journal of Physical Chemistry Letters，2010，1：2804-2809.

[34] SOKOLOV D A，SHEPPERD K R，ORLANDO T M. Formation of graphene features from direct laser-induced reduction of graphite oxide[J]. Journal of Physical Chemistry Letters，2010，1：2633-2636.

[35] YANG L C，LAI Y S，TSAI C M，et al. One-pot synthesis of monodispersed silver nanodecahedra with optimal SERS activities using seedless photo-assisted citrate reduction method[J]. J. Phys. Chem.，2012，116(45)：24292-24300.

[36] HUMMERS W S，OFFEMAN R E. Preparation of graphitic oxide[J]. J. Am. Chem. Soc.，1958，80：1339.

[37] POH H L，SANEK F，AMBROSI A，et al. Graphenes prepared by

Staudenmaier，Hofmann and Hummers methods with consequent thermal exfoliation exhibit very different electrochemical properties[J]. Nanoscale，2012，4(11)：3515-3522.

[38] FANG L L，TAO Q，LI M F，et al. Determination of the real surface area of palladium electrode[J]. Chinese Journal of Chemical Physics，2010，23(5)：6.

[39] YIN H，TANG H，WANG D，et al. Facile synthesis of surfactant-free Au cluster/graphene hybrids for high-performance oxygen reduction reaction [J]. ACS Nano，2012，6(9)：8288-8297.

[40] JIN T，GUO S，ZUO J L，et al. Synthesis and assembly of Pd nanoparticles on graphene for enhanced electrooxidation of formic acid[J]. Nanoscale，2013，5(1)：160-163.

污染控制理论与应用前沿丛书
生物电化学系统的催化与污染转化过程

绿藻强化阴极催化

6.1

概　　述

近年来,研究者发现生物膜可以还原氧气,这为生物阴极概念的提出奠定了基础[1-2]。随后,一些混合菌株和纯种微生物,如 *Pseudomonas aeruginosa*, *Acinetobacter calcoaceticus* 和 *Shewanella putrefaciens*[3-6] 等被用来催化氧还原,并被证明纯种生物的催化性能要逊色于混合种。相比于 BES 阳极胞外电子传递的大量研究,阴极生物还原氧气的电子传递机理方面的工作却鲜有报道[10]。Clauwaert 等[7]试图在碳纸表面沉积锰氧化物来增强电子从电极传递到微生物。但是,锰氧化物可能溶解后从碳纸表面脱离、浸入溶液中。同时,该工作并没有确认还原氧气的微生物是附着在电极上还是处于浮游态,因此,没有获得阴极氧还原中电子在电极和微生物之间存在直接传递的确切证据。为了提高和优化生物阴极催化还原氧气能力,有必要开发新的微生物催化剂,并加深对其催化机理的理解。

Chlamydomonas reinhardtii 是一种单细胞绿藻,能够在只含无机盐的培养基、光照条件下通过光合作用进行生长,但在黑暗条件下也能利用乙酸盐作为碳源而异养生长[8]。在光照条件下,叶绿素接收到的光能可引起藻类进行放氧光合作用所必需的超分子机器(PSII)中电荷分离,进而引起光水解,释放 H_2 和 O_2[9]。在不含硫的介质中,藻类细胞的 PSII 中产 O_2 途径被限制,而被广泛地利用为稳定的产 H_2 途径[8,10]。2009 年,Cao 等报道使用不产氧的光合混合菌观察到光依赖的直接阴极电子传递,但是使用混合菌不能排除非光合菌起着主要的电子传递作用的可能性[11]。

本章探索了绿藻催化还原氧气的过程,分析了不同电势对该还原过程的调控行为。

6.2

莱茵衣藻强化阴极催化还原氧气

6.2.1

莱茵衣藻强化阴极催化还原氧气的研究方法

6.2.1.1 培养条件

Chlamydomonas reinhardtii 137c 购自中国科学院淡水藻种保藏中心。*Chlamydomonas reinhardtii* 在 250 mL 烧瓶、28 ℃ 于土壤培养基中光合异养培养。培养基成分如下(每升):0.25 g $NaNO_3$,0.075 g $K_2HPO_4 \cdot 3H_2O$,0.075 g $MgSO_4 \cdot 4H_2O$,0.025 g $CaCl_2 \cdot 2H_2O$,0.175 g KH_2PO_4,0.025 g NaCl,40 mL 土壤提取液,0.005 g $FeCl_3 \cdot 6H_2O$,1 mL EDTA-Fe 溶液(50 mL 蒸馏水中含 1 g EDTA,0.081 g $FeCl_3 \cdot 6H_2O$,50 mL 0.1 mol $\cdot$ L^{-1} HCl)。在高温灭菌前,加入 1 mL 矿物盐[每升中含 1.81 g $MnCl_2 \cdot 4H_2O$,0.22 g $ZnSO_4 \cdot 7H_2O$,0.08 g $CuSO_4 \cdot 5H_2O$,2.86 g H_3BO_3,0.04 g $(NH_4)_6Mo_7O_{24}WO_4 \cdot 4H_2O$]。土壤提取液制备如下:将学校花园内的 500 g 土壤加入 1 L 蒸馏水中煮沸 2 h,使用孔径为 0.45 μm 的膜过滤后,用蒸馏水将体积补充到 1 L。使用的光源为荧光灯,光照周期为 24 h(12 h 光照,12 h 黑暗)。

6.2.1.2 生物电化学池的搭建和操作

电化学池的主体使用外径为 60 mm 的玻璃管,口部接口部位使用外径为 40 mm 的玻璃管。上口部为磨砂,两室连接处用硅胶和真空脂密封。取样口用丁基合成橡胶密封。单个腔室的体积,包含电极,接近 300 mL,并留有 50 mL 的顶空,如图 6.1 所示。两室用阳离子选择性透过膜隔离(Ultrex CMI-7000,Membranes International,USA)。碳纸[$(3 \times 3)cm^2$,190 μm 厚,Toray Co.,Japan]分别用作阴极和阳极。参比电极为饱和 Ag/AgCl 电极,放置于阴极。阴极电势通过恒压器（CHI 1030A，Chenhua Instrument Co.，China）固定在 −0.4 V（相对于 Ag/AgCl 电极）。

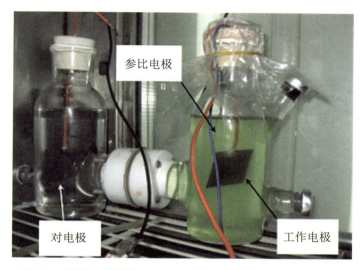

图 6.1　生物电化学池

将异能培养到对数期后期的细胞进行离心，且用改进的 TAP 溶液洗涤 2 次[8]。所谓"改进"的 TAP 溶液是将醋酸盐用 20 mmol·L^{-1} 的 NaHCO$_3$ 代替。将离心后的藻类细胞分散在已高压灭菌后的生物电化学池的阴极室里，控制叶绿素的浓度为 80 mg·L^{-1}。阳极室也充满矿物培养基，但不接种微生物。接种后在黑暗中放置 12 h。同时设置参照实验，阴极不控制电势。所有的变化电势均使用数据采集器（USB2801，ATD Co.，China）每隔 5 min 自动检测。

6.2.1.3　电化学测量

使用三电极体系进行测量，Ag/AgCl 为参比电极，Pt 丝为对电极（直径为 0.5 mm），玻碳（GC，直径为 3 mm）为工作电极。GC 电极依次用 1 μm、0.3 μm、0.5 μm 的氧化铝粉打磨，而后分别用蒸馏水、乙醇超声洗涤数分钟。在特定电势下极化 24 h 后确保生物膜稳定形成，进行循环伏安扫描。电势范围为 −1.0～0.6 V。

6.2.1.4　分析方法

取出阴极室的碳纸，剪成小片，用 pH 为 7.4 的磷酸盐缓冲溶液将上面附着不紧的细胞冲洗下来，并将这些碳纸处理以备 SEM 成像：用磷酸盐洗涤 3 次后，将样品沉浸在浓度递增的乙醇溶液（50%、70%、80%、90%、95%）中脱水后，在含 2.5% 戊二醛的 $0.1\ mol\cdot L^{-1}$ 磷酸盐缓冲溶液中 4 ℃ 环境下固定 2.5 h。叶绿素浓度使用分光光度法测定[8]。

6.2.2

莱茵衣藻强化阴极催化还原氧气的机理解析

6.2.2.1　光响应的电流

绿藻细胞在生物电化学池中光照自养条件下培养，12 h 光照/12 h 黑暗交替培养。接种后，在黑暗条件下，施加负的极化电压促进生物膜附着在电极上（图 6.2），在此过程中电流密度减小。光照开始时，电流迅速增加，在每一个光照-黑暗循环中，开始光照时电流都有一个迅速增加的过程，在黑暗阶段有所降低；有光照时绿藻产氧，黑暗时耗氧，这与光依赖电流的产生相关（图 6.3）。没有外加电压的对照组也呈现出光依赖的电极电势响应。

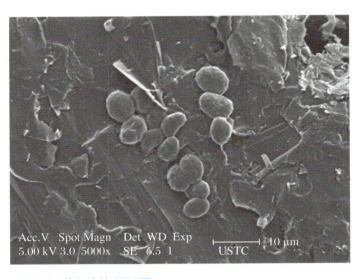

图 6.2　藻细胞的 SEM 图

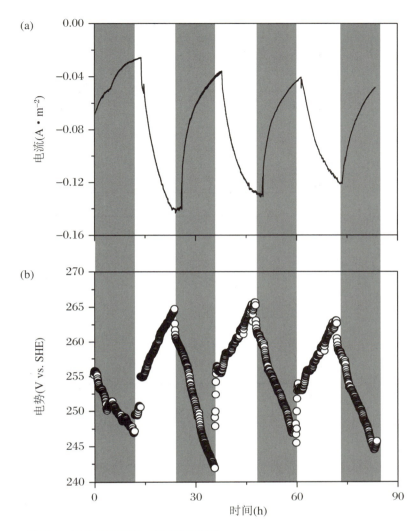

图 6.3　(a) 电流曲线；(b) 电势曲线

6.2.2.2　光响应的 CV

在 -0.4 V 电压下极化 24 h 后，检测生物膜的 CV 曲线，结果显示在有无光照条件下均有一个还原峰，且从 -0.18 V 开始，在 -0.44 V 达到峰值，最终由于氧气到电极的传质限制而达到稳态。在给定电势下，光照条件下产生的电流比黑暗条件下的电流高，如图 6.4 所示。CV 的结果(图 6.5)与上述的电流响应一致，这表明固定电势的电极上的电流具有光依赖特性。

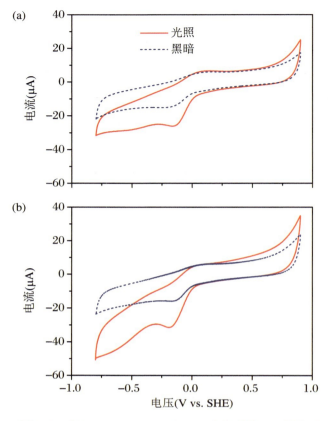

图 6.4 *Chlamydomonas reinhardtii* 生物膜的 CV 曲线:极化
24 h 后(a);极化 48 h 后(b)

6.2.2.3 生物膜调控氧还原

为了确认氧还原是否依赖生物膜,在新鲜的培养基中光照极化 12 h 进行
CV 扫描。很容易观察到还原峰从 - 0.18 V 开始,奇怪的是,在黑暗条件下极化
12 h 后,还原峰并没有改变。通入 N_2 30 min 除尽氧气,并持续保持 N_2 氛围,还
原峰消失。该观察结果是预料之外的,因为在上述研究中曾观察到在光照条件
下生物有光依赖的 CV 响应。而使用新鲜的或滤液培养的玻碳电极的对照实验
并无类似结果。绿藻的悬浊液在玻碳上的 CV 也没有还原响应。这进一步确认
了对氧气还原的催化作用是由电极上的生物膜引起的。培养基中绿藻代谢产物
的 CV 分析结果并无上述峰的出现。这些结果佐证了绿藻生物膜的氧还原催化
作用。

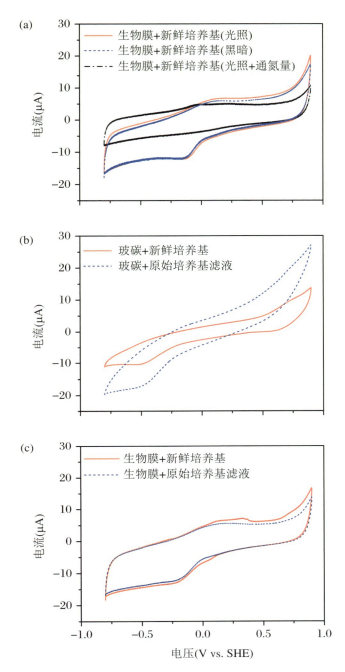

图 6.5　(a) *Chlamydomonas reinhardtii* 生物膜的 CV 曲线；
(b) GC 的 CV 曲线；(c) 生物膜在不同培养基中的 CV
曲线

6.2.2.4 电子传递机理

还原电流的峰值与电势扫速的平方根成正比,这表明氧气在电极生物膜上的还原过程是受扩散控制的[12]。对于一个扩散控制过程,25 ℃环境下氧还原的电子传递数可由 Randles-Sevcik 公式计算出:

$$i_p = 0.4463 nFAC \left(\frac{nFvD}{RT} \right)^{1/2} \tag{6.1}$$

式中,n 为半反应中的电子数,v 为电势扫速($V \cdot s^{-1}$),F 为法拉第常数,A 为电极面积(cm^2),R 为气体常数($8.314\ J \cdot mol^{-1} \cdot K^{-1}$),$T$ 为绝对温度(K),D 为扩散系数。在 25 ℃下,上述公式可写为

$$i_p = (2.687 \times 10^5) n^{3/2} v^{1/2} D^{1/2} AC \tag{6.2}$$

在本实验中,n 为5.1,表明在光照条件下,*Chlamydomonas reinhardtii* 生物膜催化氧还原进行的是 4 电子途径。在黑暗条件下,n 也为5.1,氧气还原同样也是 4 电子途径。

虽然已有关于纯种微生物能加快氧气还原为水的报道,但是目前尚无关于绿藻催化还原氧气的报道。本章的工作则是首次报道了 *Chlamydomonas reinhardtii* 催化氧还原的现象。以前关于 *Chlamydomonas reinhardtii* 的报道集中在限制其产氧、利用其产氢的方面。

Chlamydomonas reinhardtii 可以在氧气耗尽的条件下,在不含硫的培养基中产氢。但在含硫培养基和自养条件下,却难以产氢[13]。受此现象启发,我们设计实验,验证了 *Chlamydomonas reinhardtii* 能够不依赖光的情况进行催化氧气还原(图6.6)。因为 *Chlamydomonas reinhardtii* 能在光照下产氧、黑暗时耗氧,所以光照时的催化电流会比黑暗时稍高。Cournet 等[3]曾提出细菌在电极上的附着能力会影响其催化能力,但是没有给出确切的证据或机理解释。

微生物分泌的代谢产物有很多已经被分离确认,有些已确定可以用作电子媒介,如核黄素等[14-16]。通过氧化还原态之间的转变,这些电子媒介在电子从细菌传递到电极的过程中起到重要作用。例如,*Shewanella oneidensis* MR-1 分泌的核黄素能够加快电子的传递,能够在较低的外加电压下催化电子进行传递[17-18]。基于此,我们假设绿藻的代谢产物也具有一定的电化学活性并开展实验验证。但是,其滤液在玻碳电极上并没有 CV 响应,且玻碳上的 *Chlamydomonas reinhardtii* 生物膜在两种培养基中的 CV 波是相同的。这进一步证明了生物膜在氧气还原中所起的重要作用,否定了之前的代谢产物起作用的假设。

氧气还原有两种途径:① 4 电子途径,直接生成水;② 2 电子途径,其中生成

污染控制理论与应用前沿丛书
生物电化学系统的催化与污染转化过程

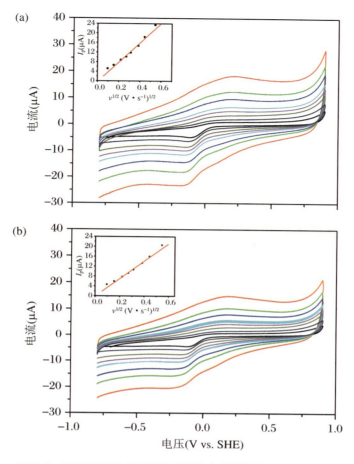

图 6.6　不同速度的 CV 曲线:光照(a);黑暗(b)

过氧化氢作为中间产物[12]。过氧化氢具有腐蚀性,加速 MFC 的老化;因此,对于 BES 而言,4 电子途径更加有利。根据 CV 结果计算,确认此过程为 4 电子过程。但是,关于绿藻能够催化氧气还原的现象需要更深入的研究,以揭示其内在机制。前期研究表明,溶于水的电子供体更利于电子从电极传递到微生物,以更高效地刺激微生物去除含氯有机物和有毒金属离子[19-20]。另外,研究表明在特定的电势下某些细菌能够从电极获取电子。但是,这些都不足以用来阐述其是否能将电子传递给电势较正的电子受体。

6.3

电势调控的莱茵衣藻强化阴极催化还原氧气

6.3.1

电势调控的莱茵衣藻强化阴极催化的研究方法

6.3.1.1 培养条件

Chlamydomonas reinhardtii 的培养条件同 6.2.1.1 的内容。

6.3.1.2 微生物-电化学池的组装与操作

根据 6.2.1.2 所述,组装了 5 组电池。将光能异能培养的对数期后期的细胞进行离心,且用改进的 TAP 溶液洗涤 2 次。将离心后的藻类细胞分散在已高压灭菌后的生物电化学池的阴极室,控制叶绿素的浓度为 80 mg · L^{-1}。阳极室也充满矿物培养基,但不接种微生物。5 个不同的阴极电极电势通过恒压器分别设定为 0.2 V、0 V、-0.2 V、-0.4 V、-0.6 V(相对于 Ag/AgCl 参比电极)。

6.3.1.3 测试方法

产生的气体通过气相色谱每日进行 2 次检测;用 DO 电极测定溶氧量;通过 Zeta 电位仪测量 5 个电势下分散的 *Chlamydomonas reinhardtii* 的 Zeta 电势。每个样品平行测量 3 次。

6.3.2

电势调控的莱茵衣藻强化阴极催化的机理解析

6.3.2.1 不同电极电势下生物量的增长

Chlamydomonas reinhardtii 首先在光照异养条件下培养。到达对数期后期,细胞转入到 TAP 培养基中开始自养生长,起始叶绿素浓度为 (80 ± 3) mg $\cdot$ L^{-1}。由图 6.7 可以看出,不同电势下浓度稳定在 (200 ± 18) mg $\cdot$ L^{-1},表明 *Chlamydomonas reinhardtii* 能很容易地利用无机碳源进行生长。电极电势的不同并没有引起藻类生长的异常。在生长过程中,藻类会消耗无机碳酸盐和硫酸盐,实验停止时可检测出硫酸盐的浓度为 22 mg $\cdot$ L^{-1},表明在整个生长过程中,矿物盐类没有匮乏。

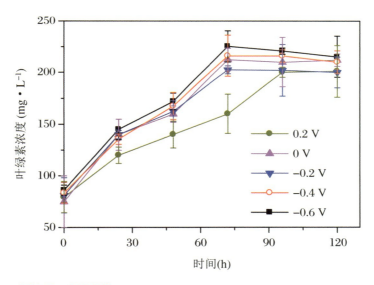

图 6.7　生长曲线

在 6.2 节中,研究了 *Chlamydomonas reinhardtii* 生物膜可以直接还原氧气。因此,实验结束后确定了电极上附着的生物量。阴极电势分别为 -0.6 V、-0.4 V、-0.2 V 时,采集到的叶绿素浓度依次为 (0.13 ± 0.02) mg $\cdot$ cm^{-2}、(0.13 ± 0.03) mg $\cdot$ cm^{-2}、(0.12 ± 0.02) mg $\cdot$ cm^{-2} (图 6.8),可见差异并不大。施加电压为 0 V 和 0.2 V 时,叶绿素浓度会比负电势条件下低。考虑到细胞表

面带电可能会影响藻类的聚集行为和在电极上的附着行为[21]，故测定了分散藻体细胞的 Zeta 电势(表6.1)，结果发现几乎没有差异，从而排除了该因素的影响。

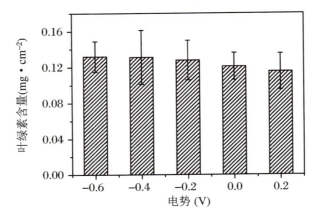

图 6.8　电极上的叶绿素含量

表 6.1　不同电势下 *Chlamydomonas reinhardtii* 细胞在新鲜培养基中的 Zeta 电势(mV)

0.2 V	0 V	−0.2 V	−0.4 V	−0.6 V
−11.74±1.23	−10.83±1.38	−11.81±1.57	−10.01±2.09	−11.06±1.22

6.3.2.2　不同电势下氧气产量的比较

Chlamydomonas reinhardtii 在不同电势下培养 48 h(6 h 黑暗/6 h 光照交替)，通 20 min N_2 除尽氧气。开始光照后，发现各种电势条件下培养的藻类产氧量都逐步增加，如图 6.9 所示。在黑暗条件下，停止产氧且由于呼吸消耗，氧含量下降。在连续的循环中，都能观察到这样的规律；且由于积累效应，氧气的含量呈现增长趋势。在 −0.4 V 电势下的溶氧量比其他电势下的溶氧量都略高一些。但是，在整个实验过程中都未观察到氢气的产生。

6.3.2.3　不同电势下的极化电流

在 6.2.2.1 节中已经介绍了 *Chlamydomonas reinhardtii* 能够催化还原氧气，在固定电势的条件下能观察到电流对光照有依赖性。由图 6.10 可以看出，开始光照时，电流迅速上升。在每一个光照/黑暗循环中，在光照开始时电流都迅速增加，而在黑暗期电流持续下降，且在 −0.4 V 电势下得到的电流最大。当电极电势为 0.2 V 和 0 V 时，电流对光照变化无响应。电流随光照变化而变化

污染控制理论与应用前沿丛书
生物电化学系统的催化与污染转化过程

与产氧变化相一致，进一步说明电流的光依赖性是由于 *Chlamydomonas reinhardtii* 在光照变化时产氧与耗氧的交替所引起的。

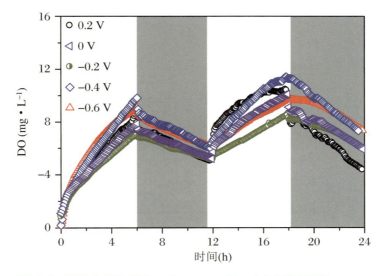

图 6.9　不同电势下 *Chlamydomonas reinhardtii* 的产氧情况

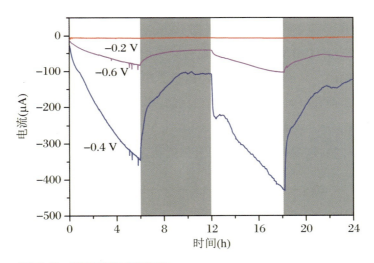

图 6.10　不同电势下的电流

6.3.2.4　不同电势下的氧还原活性

利用 CV 分析了不同电势下 *Chlamydomonas reinhardtii* 生物膜还原氧气的差异(图6.11)。同在 0 V 和 0.2 V 电势下培养的生物膜相比，在负电势下生长的生物膜引起了电位的正偏移。这种偏移说明氧气还原可以在较小的过电势下发生。在 −0.4 V 条件下生物膜的 CV 峰电位为 −0.36 V，这个偏移量比另

189

外两个负电势条件下的偏移量大,且−0.4 V下氧气还原峰电流值增长明显。这表明在−0.4 V条件下,*Chlamydomonas reinhardtii* 催化氧气还原的活性最大。

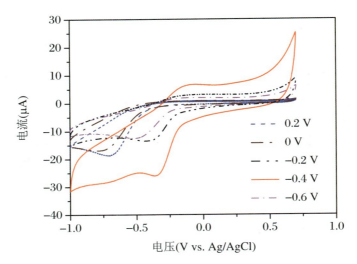

图 6.11　不同电势下培养的生物膜的 CV 曲线

Chlamydomonas reinhardtii 在−0.4 V培养条件下,氧还原的峰电流值与扫描速度的平方根呈线性关系,可以根据 Randles-Sevcik 公式计算电子传递数目。在−0.2 V 和−0.6 V 条件下,也观察到类似的情况,表明其中的氧还原过程是由扩散控制的。然而,峰电流-扫速的平方根所成的直线的截距不为零,原因尚不清楚。然而在−0.4 V 电势下的直线斜率比−0.2 V 和−0.6 V 的直线斜率都大(图 6.12)。推测这可能是由于−0.2 V 和−0.6 V 条件下未产生催化氧还原的中间产物,这需要更深入的研究来确认。

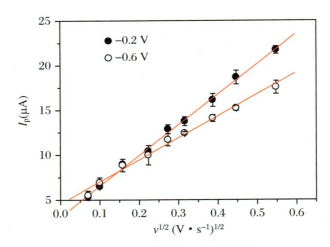

图 6.12　CV 峰电流与扫描速度平方根的关系

污染控制理论与应用前沿丛书
生物电化学系统的催化与污染转化过程

6.3.2.5 分析与讨论

目前,已有大量关于 BES 中电极电势影响微生物的生长、附着及活性的研究报道[22-25]。我们已经证实了 *Chlamydomonas reinhardtii* 生物膜能催化氧还原,但这一过程是否受到电极电势的调控并不清楚。本节的工作确认了电极电势的确能影响藻类生物膜催化还原氧气的活性,并发现在 -0.4 V 时 *Chlamydomonas reinhardtii* 生物膜的催化活性最高。

微生物生长的速率与它所获得的能量呈正相关。Wei 等[23]报道 MFC 在 -0.2 V 条件下电极生物量增加引起生物膜产电增加,而高于或低于此电压时生物量和电流都没有增加。与此类似,Marsili 等[26]发现当电压从原始的 $+0.04$ V 调到 -0.2 V 时微生物的呼吸速率并未发生改变。上述研究结果显示了细菌不会从施加不同电势的电极上获取能量而改变生物膜的生长。在我们的此项工作中,也验证了这一结论。因此,实验中所观察到的 *Chlamydomonas reinhardtii* 生物膜在 -0.4 V 产电的增加并不是由于生物量增加引起的,这表明绿藻不能从电极上得到电子用于自身生长。

Chlamydomonas reinhardtii 在光照与黑暗交替条件下,能随之进行产氧与耗氧。在不含硫的培养基中,当氧气被耗尽并维持缺氧状态时,就可以开始产氢[8]。在本研究中我们使用了含硫培养基,因此无法达到完全无氧的状态,反而会出现氧气积累。施加的电压对产氧几乎没什么影响,但是氧气的产生呈现出光照依赖的特点,这与光响应的极化电流结果相一致。然而在负电势条件下,极化电流呈现光响应的特点,但在稍正的电势下,这种依赖性并不存在,其中原因尚不清楚。在理论上,一个三电极体系中的电势越负,得到的电流应该越大,但在我们的实际研究中,最大电流出现在 -0.4 V 而不是 -0.6 V。这部分电流的增加可能是由于产氧增加引起的,但这不并能解释在 -0.4 V 条件下氧还原的活性最高的现象。另外,-0.4 V 下峰电流值是 -0.6 V 下峰电流值的 4 倍,但 -0.4 V 的产氧量只稍高于 -0.6 V 下的产氧量。这些结果和 CV 分析表明,*Chlamydomonas reinhardtii* 的催化氧还原的活性受到了电极电势的调控。

电极电势同时也能够调控细菌的生物活性[27-29]。Peng 等[30]证实了电极电势能调控 *Shewanella oneidensis* MR-1 细胞表面细胞色素 c 的积累量,并利用这一现象调控其产电行为。电极电势也能改变电子流动方向,从而驱动微生物还原产生高价值的燃料等[31]。在此项研究中,我们首次提出了 *Chlamydomonas reinhardtii* 生物膜催化氧还原的活性能被电极电势调控,这个调控过程的实质可能是对氧还原相关酶的表达的影响。然而,这还需要进一步的研究证明。

参考文献

［1］ BERGEL A，FÉRON D，MOLLICA A. Catalysis of oxygen reduction in PEM fuel cell by seawater biofilm［J］. Electrochemistry Communications，2005，7(9):900-904.

［2］ NEETHU B，GHANGREKAR M M. Electricity generation through a photo sediment microbial fuel cell using algae at the cathode［J］. Water Science and Technology，2017，76(12):3269-3277.

［3］ COURNET A，BERGÉ M，ROQUES C，et al. Electrochemical reduction of oxygen catalyzed by *Pseudomonas aeruginosa*［J］. Electrochimica Acta，2010，55(17):4902-4908.

［4］ FREGUIA S，TSUJIMURA S，KANO K. Electron transfer pathways in microbial oxygen biocathodes［J］. Electrochimica Acta，2010，55(3):813-818.

［5］ PALANISAMY G，JUNG H Y，SADHASIVAM T，et al. A comprehensive review on microbial fuel cell technologies: processes，utilization，and advanced developments in electrodes and membranes［J］. Journal of Cleaner Production，2019，221:598-621.

［6］ YANG Q，LIN Y，LIU L F，et al. A bio-electrochemical membrane system for more sustainable wastewater treatment with MnO_2/PANI modified stainless steel cathode and photosynthetic provision of dissolved oxygen by algae［J］. Water Science and Technology，2017，76(7):1907-1914.

［7］ CLAUWAERT P，VAN DER HA D，BOON N，et al. Open air biocathode enables effective electricity generation with microbial fuel cells［J］. Environmental Science & Technology，2007，41(21):7564-7569.

［8］ FOUCHARD S，HEMSCHEMEIER A，CARUANA A，et al. Autotrophic and mixotrophic hydrogen photoproduction in sulfur-deprived chlamydomonas cells［J］. Applied and Environmental Microbiology，2005，71(10):6199-6205.

［9］ KRUSE O，HANKAMER B. Microalgal hydrogen production［J］. Current Opinion in Biotechnology，2010，21(3):238-243.

［10］ KOSOUROV S，TSYGANKOV A，SEIBERT M，et al. Sustained hydrogen photoproduction by *Chlamydomonas reinhardtii*：Effects of culture parameters ［J］. Biotechnology and Bioengineering，2002，78(7)：731-740.

［11］ CAO X X，HUANG X，LIANG P，et al. A completely anoxic microbial fuel cell using a photo-biocathode for cathodic carbon dioxide reduction［J］. Energy & Environmental Science，2009，2(5)：498-501.

［12］ LIU X W，SUN X F，HUANG Y X，et al. Nano-structured manganese oxide as a cathodic catalyst for enhanced oxygen reduction in a microbial fuel cell fed with a synthetic wastewater［J］. Water Research，2010，44(18)：5298-5305.

［13］ KOSOUROV S，PATRUSHEVA E，GHIRARDI M L，et al. A comparison of hydrogen photoproduction by sulfur-deprived *Chlamydomonas reinhardtii* under different growth conditions［J］. Journal of Biotechnology，2007，128(4)：776-787.

［14］ MARSILI E，BARON D B，SHIKHARE I D，et al. *Shewanella secretes* flavins that mediate extracellular electron transfer［J］. Proceedings of the National Academy of Sciences of the United States of America，2008，105(10)：3968-3973.

［15］ THIRUMURTHY M A，JONES A K. *Geobacter* cytochrome OmcZs binds riboflavin：implications for extracellular electron transfer［J］. Nanotechnology，2020，31(12). DOI：10.1088/1361-6528/ab5deb.

［16］ HUANG L Y，LIU X，YE Y，et al. Evidence for the coexistence of direct and riboflavin-mediated interspecies electron transfer in *Geobacter* co-culture［J］. Environmental Microbiology，2020，22(1)：243-254.

［17］ BARON D，LABELLE E，COURSOLLE D，et al. Electrochemical measurement of electron transfer kinetics by *Shewanella oneidensis* MR-1 ［J］. Journal of Biological Chemistry，2009，284(42)：28865-28873.

［18］ DEREVEN'KOV I A，HANNIBAL L，MAKAROV S V，et al. Catalytic effect of riboflavin on electron transfer from NADH to aquacobalamin［J］. Journal of Biological Inorganic Chemistry，2020，25(1)：125-133.

［19］ GREGORY K B，BOND D R，LOVLEY D R. Graphite electrodes as electron donors for anaerobic respiration［J］. Environmental Microbiology，2004，6(6)：596-604.

［20］ GREGORY K B，LOVLEY D R. Remediation and recovery of uranium

193

from contaminated subsurface environments with electrodes[J]. Environmental Science & Technology, 2005, 39(22):8943-8947.

[21] LIU X M, SHENG G P, YU H Q. DLVO approach to the flocculability of a photosynthetic H₂-producing bacterium, rhodopseudomonas acidophila [J]. Environmental Science & Technology, 2007, 41(13):4620-4625.

[22] SUN M, MU Z X, SHENG G P, et al. Effects of a transient external voltage application on the bioanode performance of microbial fuel cells[J]. Electrochimica Acta, 2010, 55(9):3048-3054.

[23] WEI J, LIANG P, CAO X, et al. A new insight into potential regulation on growth and power generation of *Geobacter sulfurreducens* in microbial fuel cells based on energy viewpoint[J]. Environmental Science & Technology, 2010, 44(8):3187-3191.

[24] WANG Y S, LI D B, ZHANG F, et al. Algal biomass derived biochar anode for efficient extracellular electron uptake from *Shewanella oneidensis* MR-1[J]. Frontiers of Environmental Science & Engineering, 2018, 12(4). DOI:10.1007/S11783-018-1072-5.

[25] BOSIRE E M, ROSENBAUM M A. Electrochemical potential influences phenazine production, electron transfer and consequently electric current generation by *Pseudomonas aeruginosa* [J]. Frontiers in Microbiology, 2017, 8. DOI:10.3389/fmicb.2017.00892.

[26] MARSILI E, ROLLEFSON J B, BARON D B, et al. Microbial biofilm voltammetry: direct electrochemical characterization of catalytic electrode-attached biofilms[J]. Applied and Environmental Microbiology, 2008, 74(23):7329-7337.

[27] LIU H, MATSUDA S, KAWAI T, et al. Feedback stabilization involving redox states of c-type cytochromes in living bacteria[J]. Chemical Communications, 2011, 47(13):3870-3872.

[28] MOHAN S V, VELVIZHI G, MODESTRA J A, et al. Microbial fuel cell: critical factors regulating bio-catalyzed electrochemical process and recent advancements[J]. Renewable & Sustainable Energy Reviews, 2014, 40:779-797.

[29] ZHU X P, YATES M D, HATZELL M C, et al. Microbial community composition is unaffected by anode potential[J]. Environmental Science & Technology, 2014, 48(2):1352-1358.

［30］ PENG L，YOU S J，WANG J Y. Electrode potential regulates cytochrome accumulation on *Shewanella oneidensis* cell surface and the consequence to bioelectrocatalytic current generation［J］. Biosensors and Bioelectronics，2010，25(11)：2530-2533.

［31］ ROSS D E，FLYNN J M，BARON D B，et al. Towards electrosynthesis in *Shewanella*：energetics of reversing the mtr pathway for reductive metabolism[J]. PLoS One，2011，6(2)：e16649.

第 —— **7** —— 章

基于生物阴极催化的低成本废水处理系统

7.1

MFC-SBR 耦合系统

如何将 MFC 技术应用到废水处理中是当今生物电化学系统研究和应用领域的一个重要问题。活性污泥法是最常用的废水生物处理技术。在活性污泥处理系统中,曝气是废水处理厂中必不可少的过程,并且占据能量消耗的最大份额,为废水处理厂能量消耗的 45%～75%[1]。然而由于传质限制,在曝气过程中大部分的氧气并没有被活性污泥利用而直接扩散到空气中,从而造成大量的能量损失[2-3]。因此,如何提高氧气的利用率和降低活性污泥处理过程中的能量消耗,是维持废水处理厂持续稳定运行的关键。

2010 年,Cha 等[4]将含有质子交换膜的单室 MFC 浸没在曝气池中并优化电池构型和电极材料,发现如果将曝气池中的蒸馏水换为活性污泥,电池的电势和能量密度会显著下降。但是,在他们的研究中没有提供明确的证据证明已将生物阴极的 MFC 与活性污泥过程集成用于能量回收。同时,在其实验中使用的质子交换膜起到隔离作用,这毫无疑问会增加 MFC 的建造成本。

受 MFC 生物阴极生物催化还原氧气的启发,提出一种新的降低废水处理厂能量消耗的策略,即将 MFC 技术与活性污泥技术相结合。使用无纺布将阳极和生物阴极隔离的 MFC 浸没到序批式反应器(sequencing batch reactor,SBR)的曝气池中,并从 COD 去除和能量回收角度来评价这种新的集成技术。

7.1.1

MFC-SBR 耦合系统的构建方法

7.1.1.1　无膜 MFC 的组装

无膜 MFC 使用规格为 $400 \mathrm{~g} \cdot \mathrm{m}^{-2}$ 的无纺布作为分隔膜。MFC 运行采用连续流模式,在顶部和底部分别安装一个进、出水口管。阳极室使用石墨颗粒填充,并插入一根石墨棒以收集电子。阳极室的总体积为 790 mL,扣除石墨颗粒所占体积,阳极室的净体积为 410 mL。石墨颗粒用蒸馏水洗涤至少 3 次后,再依次用 1 mol·L^{-1} NaOH 和 1 mol·L^{-1} HCl 过夜浸泡,然后再用蒸馏水洗涤 5 次以上。阴极使用的是未经过任何处理的 6 mm 厚的碳毡,与管状的无纺布重叠放置,总面积为 790 cm^2。电极间用铜线连接并外接 500 Ω 的电阻,再用环氧树脂将金属密封以防其与溶液接触发生反应。在使用之前,无纺布要使用聚四氟乙烯处理来减少两室之间物质的交换和限制氧气由阴极向阳极的扩散,处理过程如下:将无纺布浸入质量分数为 15% 的聚四氟乙烯溶液 15 min,然后在 105 ℃ 条件下干燥 3 h 即可。反应器装置如图 7.1 所示。

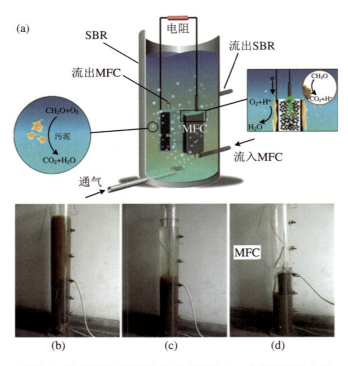

图 7.1　集成系统示意图(a),集成系统在一个运行周期内的
照片:曝气(b);沉降(c);和排水(d)

7.1.1.2　接种和操作条件

　　MFC 中接入 20 mL 浓缩的厌氧污泥,然后浸入 SBR 中(高为 75 cm,直径为 12 cm,实际工作体积为 6.44 L)组成集成系统。MFC 通过蠕动泵将人工合成废水打入反应器中,MFC 出水直接进入 SBR 中。人工合成废水的组成为:CH$_3$COONa·3H$_2$O,1.1 g·L^{-1},NH$_4$Cl,95 mg·L^{-1};K$_2$HPO$_4$·3H$_2$O,30 mg·L^{-1};CaCl$_2$,20 mg·L^{-1};MgSO$_4$,15 mg·L^{-1};微量元素溶液 10 mL[5]。实验过程中,反应

污染控制理论与应用前沿丛书
生物电化学系统的催化与污染转化过程

器运行时间为 6 h 一个周期。一个周期包括 60 min 进水,300 min 曝气(此过程包含 30 min 进水),25 min 沉降和 5 min 排水。在进水 30 min 后,空气按 0.25 cm·s^{-1} 的速率从反应器底部鼓入。实验持续 45 天以考察其稳定性。之后,MFC 的负载电阻降低为 10 Ω,通过将集成系统的进水时间从 60 min 延长为 120 min,把 MFC 的水力停留时间(hydraulic retention time,HRT)从 0.25 h 增至 0.5 h 以优化系统的运行。SBR 接种污泥来自合肥市望塘污水处理厂,其混合液悬浮固体(mixed liquor suspended solids,MLSS)浓度为 4.3 g·L^{-1},SVI 为 87.5 mL·g^{-1}。SBR 中接入 3.5 L 污泥,使得 SBR 中的初始 MLSS 浓度为 2.4 g·L^{-1}。

7.1.1.3 分析测试与计算

使用数据采集系统每隔 10 min 自动采集 500 Ω 的负载电阻的两端电压。用线性扫描法获得极化曲线。扫描速度为 1 mV·s^{-1}。通过欧姆定律 $\left(I=\dfrac{V}{R}\right)$ 计算得到电流,由 $P=IV$ 得到功率。功率密度根据阳极室的总体积进行换算得到。库仑效率由公式 $CE=\dfrac{C_p}{C_{th}}\times100\%$ 算得,其中 C_p 表示库仑量,即电流与时间的乘积;C_{th} 表示理论库仑量,根据 MFC 中 COD 的去除量计算。用 DO 探头来检测溶液中溶解氧。耗氧速率(oxygen uptake rate,OUR)和 COD 均采用标准方法测定[6]。在进行 COD 测量前所有样品都用 0.45 μm 滤膜过滤。COD 去除率的计算公式为

$$E_{COD}=(COD_{in}-COD_{out})/COD_{in}\times100\%$$

式中,COD_{in} 表示 MFC 进水中的 COD,COD_{out} 表示 SBR 出水中的 COD。阴极的生物膜的形态用 SEM 表征。

7.1.2

MFC-SBR 耦合系统的运行性能

7.1.2.1 系统启动与产电

在接种后用 SBR 闷曝 2 天,使 MFC 阴极形成生物膜。由图 7.2 可以看出,

在外电阻负载为 500 Ω 的情况下,电流密度由起始的 0.6 A·m^{-3} 升至 0.8 A·m^{-3}。系统连续运行,产电的增加预示着系统的启动,可以看到在开始的 3 天后电流从 0.9 A·m^{-3} 增加到 1.5 A·m^{-3},表明在阴极富集电活性的细菌实现氧气的还原对电流输出是至关重要的。反应器运行稳定后,电流密度随着 SBR 的运行也在发生周期性的变化,电流峰值能达到 1.3 A·m^{-3},45 天的运行过程一直很稳定。当将外电阻降至 10 Ω、MFC 的 HRT 从 0.25 h 增至 0.5 h 时,最大电流密度能高达 14 A·m^{-3}(图 7.3)。待反应器运行 10 天后采样进行 SEM 观察,可以看到在系统启动后,碳毡表面明显地吸附了一定厚度的生物膜,而细菌则嵌入在微生物所分泌的胞外聚合物中(图 7.4)。

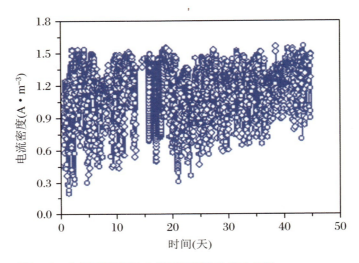

图 7.2　生物阴极 MFC 在连续运行时的产电曲线

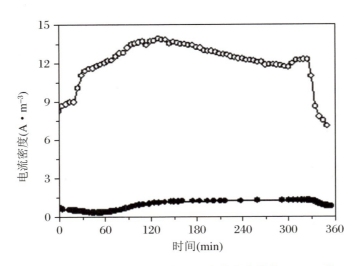

图 7.3　生物阴极 MFC 在一个周期内的产电曲线:1000 Ω 外阻,HRT 15 min(●);10 Ω 外阻,HRT 30 min(○)

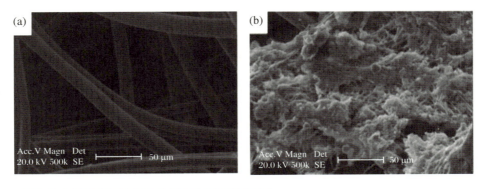

图 7.4　SEM 照片:碳毡(a);碳毡上的生物膜(b)

　　在该系统运行至第 14 天时,用线性扫描伏安法测定了体系的极化曲线,并且计算了其最大能量密度。一个周期开始时的开路电压为 235 mV,对应的最大能量密度为 0.68 W·m^{-3}(相对 MFC 的总体积)(图 7.5)。进水 30 min 后,在无曝气条件下,开路电压下降至 168 mV,最大功率密度降至 0.34 W·m^{-3}。第 31 min

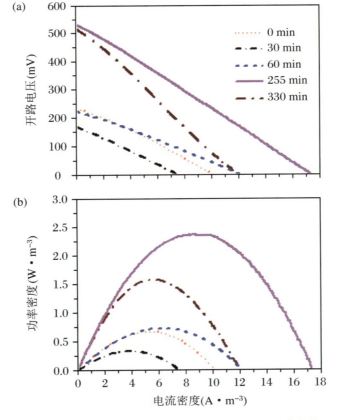

图 7.5　生物阴极 MFC 在一周内的极化曲线(a)和功率密度曲线(b)

开始曝气,60 min 时开路电压增长至 223 mV,而最大能量密度可达到 $0.74\ W \cdot m^{-3}$。曝气进行 4 h 后,在第 255 min 时系统的开路电压能达到峰值,即 534 mV,最大能量密度为 $2.34\ W \cdot m^{-3}$。在 330 min 时开始停止曝气,开路电压和最大能量密度均开始下降,呈现出了对曝气依赖的特征。

7.1.2.2　COD 去除与库仑效率

将 MFC 与 SBR 集成后,SBR 的 COD 去除效率依然较高。SBR 出水中的 COD 浓度低于 $50\ mg \cdot L^{-1}$,COD 去除效率超过 90%(图 7.6)。为了得出在 COD 去除中 MFC 所占的比例,实验分析了第 25 天时 MFC 出水样中的 COD 浓度。进水中的 COD 浓度为 $490\ mg \cdot L^{-1}$,在前 15 min 时反应器中的 COD 浓度从 $450\ mg \cdot L^{-1}$ 增至 $475\ mg \cdot L^{-1}$,主要是由于石墨颗粒的动态吸附过程。随后,COD 浓度大概稳定在 $480\ mg \cdot L^{-1}$,根据阴极 COD 去除量计算出 MFC 的 COD 去除率为 2.0%,CE 为 3.0%。有机负荷率和外接电阻对 MFC 的产电和 COD 去除都有很大影响。因此,为了进一步提高 MFC 的 COD 去除率和 CE,将外电阻降为 10 Ω;通过延长系统的进样时间,将 MFC 的 HRT 从原来的 0.25 h 增加到 0.5 h。可以明显看到,MFC 的去除率升至 18.7%,CE 也相应提高到 6.5%。

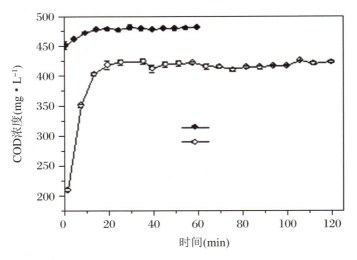

图 7.6　一个周期内 MFC 对 COD 的去除情况:1000 Ω 外阻,HRT 15 min(●);10 Ω 外阻,HRT 30 min(○)

污染控制理论与应用前沿丛书
生物电化学系统的催化与污染转化过程

7.1.2.3　集成化系统的运行特性

图 7.7 显示了当 MFC 的外接电阻为 500 Ω、HRT 为 0.25 h 运行至第 16 天时,集成系统的各项参数变化。当系统进水后,DO 急剧减小,氧气消耗速率 OUR 达到峰值。前 30 min 的曝气会使 DO 回升,OUR 一直降低至 135 min 达到稳定。电势的增长与 DO 的增长大概有 20 min 的滞后,但与 OUR 的降低却是一致的。在沉降与出水阶段,由于调整了曝气,DO 迅速降低。系统进水 pH 为 7.0,在前 30 min,pH 降低;在第 31 min 时,曝气开始,COD 急剧降低,乙酸钠被消耗而导致 pH 上升。进水结束后,pH 会有一个降低并最终稳定在 8.2～8.5 的范围内,这是由于微生物分解有机物产生的 CO_2 会与溶液中的 OH^- 结合生成 HCO_3^- 或 CO_3^{2-},起到缓冲作用。

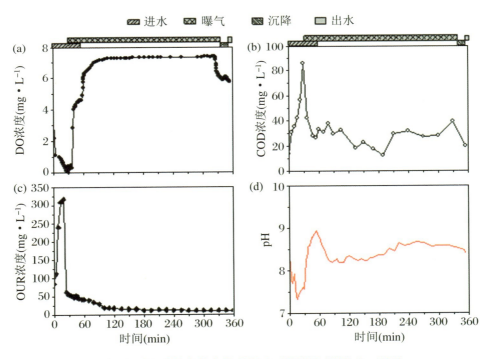

图 7.7　集成系统运行过程中的参数变化:DO(a);COD(b);OUR(c);pH(d)

7.1.2.4　集成化系统的特点

本章研究的结果从原理上证明了无膜的生物阴极 MFC 能与活性污泥工艺进行有效的集成耦合,降低传统废水处理工艺过程中的能量消耗。这样一个集成系统无须改变原有的废水处理设施就可以实现现有废水处理厂的升级改造，达到高效节能的目的。尽管在此项研究中的操作参数并没有优化，但 MFC 的最大能量密度仍可达到 $2.34\ W \cdot m^{-3}$。当外电阻减小、HRT 增加后，产电和库仑效率都有显著提高，这充分表明如果操作参数优化后，MFC 的性能可以进一步提高。

假定一个废水厂处理污水能力为 $50000\ m^3 \cdot d^{-1}$，在不改变现有设施的基础上通过这样一个集成系统的构建，可以节省 300 kWh 的电量，其可以成为废水处理厂升级改造的一个可行方案。由于目前 MFC 技术在经济和技术上仍然存在着有待解决的诸多问题，限制了其作为废水处理工艺的推广[7-8]。而本章提出的将 MFC 技术直接应用于废水生物处理工艺，无疑为废水处理厂的可持续发展提供了新的思路。

这个集成系统的主要优势是成本和操作费用低。成本是目前将 MFC 用于废水处理的主要障碍[9]。若将 MFC 应用于实际水处理过程，它的材料成本将是传统污水处理厂的百倍至千倍，离子交换膜、Pt 催化剂是高成本的主要原因。相反，在此实验中，我们采用价格低廉的无纺布作为分隔膜、微生物作为催化剂的 MFC 与 SBR 集成后能显著地降低 MFC 的建造成本。

近年来，有些研究者试图使用离子交换膜的代替物如 J-Cloth 等降低单室 MFC 的欧姆阻抗和制作成本，并提高产能[10]。对于大多数的生物阴极 MFC 而言，自养细菌通常作为阴极生物催化剂，它们对阳极室渗透过来的有机物是非常敏感的。在我们的实验中，具有电化学活性的自养和非自养菌共存在阴极室中，但是通过价格低廉的无纺布作为分隔膜的生物阴极 MFC 依然有较高的电能产出。在 SBR 的一个周期内，待 COD 耗尽后，自养细菌变得活跃，并催化还原氧气。如图 7.7 所示，只有当 OUR 开始稳定后，电流才开始增长，这表明该系统中的自养和异养微生物间存在着竞争关系。另外，氧气从阴极向阳极的扩散对产电是不利的[11]，解决这个问题的途径是强化微生物在分隔膜上的附着，使得氧气大量被消耗而不至于扩散至阳极室。如图 7.4 的 SEM 所示，在阴极碳毡上有层厚厚的生物膜，它能够还原氧气并且有效地阻止氧气扩散至阳极室。

在 MFC 技术应用过程中一个常被忽略的制约因素是阴、阳两室之间的 pH 梯度差异问题。根据能斯特方程可知，这种差异降低了电池电势[12]。在本研究中，氧气在阴极被微生物还原为 OH^-，而有机物在被微生物持续氧化中产生了 CO_2，与之结合生成了 HCO_3^- 或 CO_3^{2-}，这些离子能够通过无纺布传输到阳极室来维持电中性。因此，由生物阴极产生的碳酸根离子能将阴极产生的 OH^- 运输至阳极而起到 pH 缓冲剂的作用[13]。

废水处理厂曝气过程所消耗的能耗占据了运营成本的最大份额[14]。同时，由于传质限制，曝气池中大部分的氧气都不能被活性污泥利用。对于 MFC 的好氧生物的阴极来说，与其他非生命过程相比，好氧呼吸作用中的氧化酶对氧气有更高的亲和力[15]。因此，好氧细菌能够在即使很低的 DO 条件下高效地还原氧气。鉴于此，将生物阴极 MFC 和活性污泥法结合起来共享曝气装置是一个切实可行和理想的解决办法。该集成化系统能够在保证优异的反应器性能的同时，通过回收曝气过程中的能量来降低整个系统的操作成本。此外，由于 MFC 也能消耗污水中的 COD，曝气量可以相应减少。在本研究中，MFC 虽然只有 SBR 体积的 12%，但是却消耗了系统中 18.7% 的 COD。

7.2

MFC-MBR 耦合系统

7.2.1

MFC-MBR 耦合系统的构建方法

7.2.1.1　MFC 组件的构建

实验采用无膜 MFC 来控制系统成本，而 MFC 阴、阳极之间的隔膜材料则采用无纺布（$400\,\mathrm{g\cdot m^{-2}}$）。无纺布同时也可作为 MFC 构架的支撑材料（图 7.8）。在 MFC 的底部和顶部分别安装了两根硅胶管，方便 MFC 的进出水。MFC 的阳极体积为 80 mL（4 cm×4 cm×5 cm），填充满了实验室自制的碳纤维[16]。石墨粒和一根直径为 6 mm 的石墨棒（三叶碳公司）紧密相连作为阳极。石墨粒在使用前先用蒸馏水清洗 6 遍，后又分别用 $1\,\mathrm{mol\cdot L^{-1}}$ NaOH 和 $1\,\mathrm{mol\cdot L^{-1}}$ HCl 各浸泡了一晚，最后再用蒸馏水清洗 5 遍。阴极材料使用的是没有经过任何处理的 6 mm 厚的碳毡（三叶碳公司），其表观表面积为 90 cm²。无纺布在使用前经过15%的聚四氟乙烯处理,以减少阴、阳室之间的物质交换(如氧气扩散)。处理步骤如下:将无纺布在聚四氟乙烯中浸泡15 min,然后在105 ℃条件下烘3 h。实验中采用的外电阻为50 Ω,电阻两端电压每隔10 min由自动数据采集系统采集一次(USB2801,中国ATD公司)。

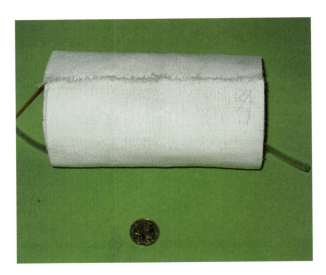

图7.8　构建中的MFC组件

7.2.1.2　MFC-活性污泥耦合生物电化学体系的启动和运行

为构建耦合系统,我们轻微改动了膜生物反应器(membrane bioreactor,MBR)原有的进水路线。在耦合系统中,合成废水通过蠕动泵(中国兰格公司)以2.33 L·h^{-1}的速度经由MFC底部的硅胶管先被注入MFC中;经过MFC初步处理后,废水在压力作用下从MFC顶部的硅胶管中流出并进入MBR,以进行进一步的处理。图7.9为MFC-MBR耦合系统的示意图。系统膜组件(14 cm×3 cm×36 cm)的有效过滤面积为1000 cm^2,浸泡在20 L的曝气池中。氧气是通过铺设在底部的曝气管来提供的,曝气强度为300 L·h^{-1}。MBR中MLSS浓度大约为2.8 g·L^{-1}。MFC中接种微生物是50 mL厌氧和好氧的混合污泥。为了在电极上富集产电微生物,MFC组件在接入MBR之前浸泡在一个连续流活性污泥曝气池中。进水成分为:CH$_3$COONa·3H$_2$O,0.85 mg·L^{-1};NH$_4$Cl,153 mg·L^{-1};K$_2$HPO$_4$·3H$_2$O,29.4 mg·L^{-1};CaCl$_2$,11.5 mg·L^{-1};MgSO$_4$,12 mg·L^{-1};微量元素10 mL。此外,进水中添加了50 mmol·L^{-1}磷酸盐缓冲盐。曝气每3天停30 min,以维护曝气泵。在产电菌富集初期,一些阳极微生物被冲刷流出,但随着富集过程的进行,这种微生物流出逐渐减少。整个富集过程持续了约 1 个月。当 MFC 组件产电情况稳定约 1 周后，MFC 被接入 MBR 体系中，正式开始耦合系统的运行。去除缓冲盐的合成进水 COD 浓度为 400 mg·L^{-1}，与城市废水的实际浓度相近。

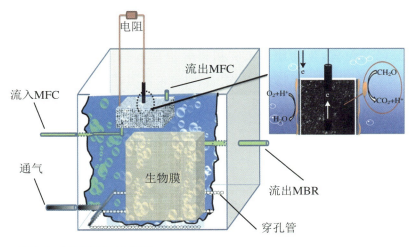

图 7.9　MFC-MBR 示意图

7.2.1.3　耦合系统的电能回收和废水处理性能的表征

除了直接记录电压外，我们还通过改变电阻的方式（从 10 Ω 到 10000 Ω）测试了 MFC 在稳定运行期间的极化曲线。库仑效率（CE）是依据公式 $CE = \dfrac{C_\mathrm{p}}{C_\mathrm{th}} \times 100\%$ 计算的。式中，C_p 是 MFC 运行过程中实际累积的电量，是通过对电流-时间曲线积分获得的。而 C_th 则是根据 MFC 实际去除的 COD 的量计算的 MFC 中微生物可以获得的理论电子数目。MFC 组件和整个体系进出水 COD 浓度则根据标准方法测定（APHA，1998）。在测试之前，所有样品均使用 0.45 μm 膜过滤。

7.2.1.4　微生物形貌和电化学活性的表征

扫描电子显微镜（SEM，Sirion200，英国 FEI 股份有限公司）被用于阴极微生物形貌的表征。电极前处理的主要步骤包括：首先将附着有生物膜的阴极碳毡在戊二醛溶液（2.5%）中固定 2 h；然后在 pH 为 7.0 的磷酸盐缓冲溶液（50 mmol·L^{-1}）中冲洗 3 次；后进行乙醇梯度脱水，乙醇浓度为 30%、40%、60%、80%、90%、95% 和 100%，单个浓度脱水时间为 20 min；接下来是真空干燥;最后的步骤是喷金处理。

阴极微生物在催化还原氧气方面的活性利用循环伏安(cyclic voltammetry, CV)表征。CV 扫描是在电化学工作站(CHI660C,中国辰华仪器有限公司)上利用三电极体系来完成的。工作电极是从阴极裁剪的一块约 0.4 cm² 大小的带有生物膜的碳毡,电解液是系统的进水。为了考察阴极生物膜催化活性和确定氧气还原峰的位置,生物膜的 CV 扫描分别在电解液自然状态下、曝氮气 10 min、曝空气 10 min 后进行了 3 次。同时将未使用过的碳毡浸泡在电解液中重复上述 CV 分析过程作为对照。

7.2.2

MFC-MBR 耦合系统的运行性能

7.2.2.1　体系在电能回收和废水处理方面的表现

将 MFC 组件装入 MBR 后,MFC 的电流输出从原来的 1.1 mA 降低到 0.76 mA。这种降低主要是由于 MBR 中的废水和原来富集过程中的废水相比,导电性显著降低造成的(耦合系统进水中没有加入缓冲盐)。但是,在后续的 2 天中,系统的电流输出逐渐又升到 2.6 mA[图 7.10(a)],这说明在阴极的生物膜已经适应新的环境,开始有效地催化还原氧气。在接下来的 40 多天里,系统产电较为稳定,平均电流为(1.9±0.4) mA。产电输出的波动主要是由于白天和黑夜的温差造成的。

极化曲线在电池电压输出相对稳定时测定。系统的开路电压为 650 mV [图 7.10(b)],最大功率密度是 6.0 W·m⁻³(归一化到阳极体积)或 0.053 W·m⁻² (归一化到阴极面积)。系统的电流和功率输出与其他无膜 MFC 或 MFC-活性污泥耦合系统相当。电池内阻是由极化曲线上最大功率密度这一点的数据计算出来的。经计算(计算内阻时电流区间为 0.06~2 mA),所构建系统的内阻为 (365±28) Ω,与其他无膜 MFC 的内阻在同一个级别上。系统的库仑效率是根据系统第 14 天以后的数据计算所得,只有 1.5%。造成系统库仑效率低的原因可能有两方面:一是 MFC 组件体积小造成其体积负荷过高,而电能输出性能可以提高的程度有限;二是使用的无纺布无法完全阻挡阴极氧气向阳极室的扩散,导致阳极中部分底物在将电子传递到电极之前便被氧化掉[17-18]。

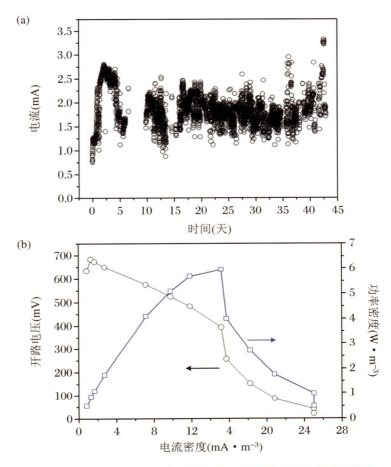

图 7.10　(a) MFC-MBR 耦合系统超过 40 天的产电情况；(b) 极化曲
线和功率密度曲线

　　MFC-MBR 系统的主要功能是要处理废水，而电能回收只是将电子传递引
入到活性污泥系统的额外所得。因此，系统在废水处理方面的表现仍然是关注
的重点。系统的出水 COD 稳定在 (41.5 ± 14.8) mg·L^{-1}［图 7.11(a)］，平均
COD 去除率为 $89.6\% \pm 3.7\%$［图 7.11(b)］。图中第 6 天和第 7 天 COD 去
除率的突然下降是由 MBR 的滤膜破损造成的。MBR 中 MLSS 的浓度为
(2658 ± 254) mg·L^{-1}［图 7.11(c)］，而由于尼龙对颗粒物质有很好的截留作
用，运行过程中出水中悬浮固体的浓度几乎为零，浊度大约为 0.8 NTU。

　　实验中 MFC 阳极的体积要比 MBR 组件的小，有利于系统中阳极的底物供
应和阴极的氧气传输。但是，由于系统中阳极和阴极腔的净体积相差比较大，
MFC 的 HRT 比较短，其在 COD 去除上的贡献率较为有限，只有约 4.8%。

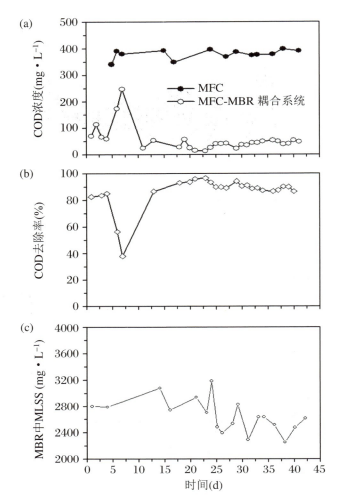

图 7.11　MFC-MBR 耦合系统在废水处理端的表现以及阴
　　　　极生物量:(a) 出水 COD;(b) COD 去除率;(c)
　　　　MBR 中 MLSS

7.2.2.2　生物阴极的形貌和电化学活性分析

　　MBR 的曝气池为生物阴极的形成提供了合适的环境。图 7.12(a)～
图 7.12(c)清晰地显示出阴极上形成了一层致密的生物膜。为了评估生物阴极
对氧气的催化性能,对阴极上的微生物进行了 CV 扫描。如图 7.12(d)所示,在
-0.13 V(vs. Ag/AgCl)处出现了一个还原峰,它的位置和其他生物氧还原催
化剂的还原峰位置非常接近[19],其催化还原电位甚至比一些化学的催化剂还要
正一些[20]。为了确定这个还原峰是否是由氧还原造成的,对阴极生物进行了不

污染控制理论与应用前沿丛书
生物电化学系统的催化与污染转化过程

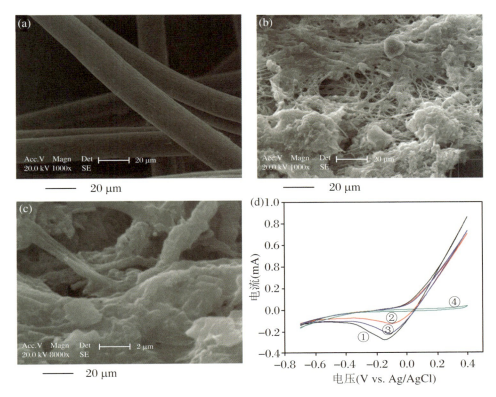

图 7.12　系统阴极生物膜的微观结构和电化学性质：(a)新鲜碳毡的 SEM 照片；(b)和(c)为碳毡上生物膜的 SEM 照片；(d)阴极微生物的 CV 扫描，依次在① 电解液中，② 经过 10 min 氮气鼓吹的电解液，③ 经过 10 min 空气鼓吹的电解液和④ 新鲜碳毡在电解液中的 CV 扫描。CV 扫描中电解液的组分和系统进水是一样的

同条件下的 CV 扫描。和原来在电解液中扫描相比，还原的峰电流在经过 10 min 氮气吹扫后显著下降，然后在 10 min 空气吹扫后又有所恢复。这说明在 − 0.13 V 出现的峰确实是氧气的还原峰，而在阴极富集的微生物可以较好地催化还原氧气。为了消除电极材料造成氧还原的可能性，在同样的电解液中也进行了未使用的碳毡的 CV 扫描，结果未发现还原峰。采用更大体积的碳毡（1 cm² ）重复 CV 扫描，依然未发现还原峰的存在。

7.2.2.3　MFC-MBR 的重要性分析

　　在本章中，我们报道了一种廉价高效的废水处理 MFC-MBR 耦合系统，该系统同时集合了 MFC 和 MBR 的优点。MBR 可以很好地将污泥以及颗粒物质截留下来，从而为整个体系的出水水质提供了保证；污泥的有效截留对 MFC 阴极生物膜的形成也是非常有利的，而生长状态良好的生物膜又可以实现对阴极氧气的高效利用。MFC 则通过产生电能的方式部分回收曝气消耗的能量,降低系统运行能耗。

我们构建的耦合系统主要部件的成本如表 7.1 所示,同时还将其与对应的 MFC 或 MBR 中常用的材料成本进行了比较。耦合系统中使用的碳毡、无纺布和尼龙加起来的成本仅为 0.24 美元,而整个 MFC-MBR 系统的造价包括有机玻璃(3.3 美元·kg^{-1})在内也低于 5 美元。尼龙非常便宜,因而无需考虑清除膜污染问题,可以在使用几个月之后直接更换,而其他材料均可以很好地工作一年以上而无需任何维护。利用该耦合系统处理废水,一年的材料费用将少于 0.3 美元·m^{-2}。而像 MFC 中广泛使用的成本较高的质子交换膜、贵金属氧还原催化剂,或是 MBR 中的超滤/微滤膜等均未在该系统中使用。这进一步增加了该耦合系统在经济方面的优势,同时也提升了系统的可持续性。

表 7.1 MFC 和 MBR 以及耦合系统主要部件的成本比较

MFC 或 MBR 中的组分	传统 MFC 或 MBR 主要使用部件	本体系使用
阳极	碳布 (E-Tek,620 美元·m^{-2},Patra 等,2008)	自制碳纤维
阴极	铂修饰碳布 (E-Tek,0.5 mg·cm^{-2},2000 美元·m^{-2},Patra 等,2008)	碳毡 (13 美元·m^{-2})
分离器	全氟磺酸膜 (2500 美元·m^{-2},Patra 等,2008)	无纺布 (2 美元·m^{-2})
过滤材料	微滤或超滤膜 (66 美元·m^{-2},Verrecht 等,2010)	尼龙网 (1 美元·m^{-2})

表 7.2 将已报道的 MFC 和传统活性污泥法相耦合的案例在废水处理效果、电能输出、经济性和系统特点等方面进行了全面的分析和比较。这些耦合系统均拥有较高的 COD 去除效率;和 SBR 或其他系统相比较,MBR 更适合与 MFC 耦合后在连续流的模式下运行。与 Wang 等报道的 MFC-MBR 系统相比,新系统构型更加简单,维护也更容易,并且在 MBR 膜材料选择上的限制也更少,因而更有优势移植到现有的废水处理设施中。

表 7.2　不同 MFC-活性污泥法耦合系统性能和特点的比较

应用活性污泥系统	一般活性污泥系统	SBR	MBR	MBR
进出水 COD(mg·L^{-1})	234/—	490/(<50)	(126~439)/(20~41)	400/(41.5±14.8)
MPD(W·m^{-3})	16.7	2.3	4.4	6.0
阳极	碳毡或碳布	石墨颗粒	石墨棒和石墨颗粒	石墨颗粒
阴极	碳毡或碳布	碳毡	不锈钢	碳毡
PEM	是	否	否	否
体系特点	简单，但后续的模块/操作需要保留生物	批量操作；随基底物供应波动大	设计复杂，导电性高滤料；很难维持生物量	简单，易于维护；适合连续流操作
成本	投资高，运行费用低，维护费用适中	投资和运行费用低；维护费用低	投资适中，运行费用低，维护费用适中	投资和运行费用低，维护费用低
参考	Cha 等，2010	Liu 等，2011	Wang 等，2011	本工作

注：MPD 为最大功率密度（maximum power density）。

此外，由于质子在隔膜中迁移速度较慢，MFC 在长期运行时，阴、阳极室间会产生 pH 梯度，但这个问题在 MFC-MBR 系统中却可以避免，这可以从曝气池中很小的 pH 波动得到证明。从阳极室连续流向阴极室的溶液起到了很好的中和作用，pH 的稳定对于产电的稳定是非常有利的。

参考文献

[1]　WU Q，JIAO S P，MA M X，et al. Microbial fuel cell system：a promising technology for pollutant removal and environmental remediation［J］. Environmental Science and Pollution Research，2020，27(7)：6749-6764.

[2]　WANG Z X，HE Z. Demystifying terms for understanding bioelectrochemical systems towards sustainable wastewater treatment［J］. Current Opinion in Electrochemistry，2020，19：14-19.

[3]　KUMAR M，SINGH R. Sewage water treatment with energy recovery using constructed wetlands integrated with a bioelectrochemical system［J］.

Environmental Science-Water Research & Technology，2020，6（3）：795-808.

［4］ CHA J，CHOI S，YU H，et al. Directly applicable microbial fuel cells in aeration tank for wastewater treatment［J］. Bioelectrochemistry，2010，78（1）：72-79.

［5］ MOY B Y P，TAY J H，TOH S K，et al. High organic loading influences the physical characteristics of aerobic sludge granules［J］. Letters in Applied Microbiology，2002，34（6）：407-412.

［6］ APHA. Standard methods for the examination of water and wastewater ［M］. 20th. Washington，D.C.：American Public Health Association，1998.

［7］ IVASE T J P，NYAKUMA B B，OLADOKUN O，et al. Review of the principal mechanisms，prospects，and challenges of bioelectrochemical systems［J］. Environmental Progress & Sustainable Energy，2020，39（1）. DOI：10.1002/ep.13298.

［8］ DO M H，NGO H H，GUO W S，et al. Microbial fuel cell-based biosensor for online monitoring wastewater quality：a critical review［J］. Science of the Total Environment，2020，712. DOI：10.1016/j.scitotenv.2019.135612.

［9］ ZHANG J Y，YUAN H Y，DENG Y L，et al. Life cycle assessment of osmotic microbial fuel cells for simultaneous wastewater treatment and resource recovery［J］. International Journal of Life Cycle Assessment，2019，24（11）：1962-1975.

［10］ YE Y Y，NGO H H，GUO W S，et al. Feasibility study on a double chamber microbial fuel cell for nutrient recovery from municipal wastewater ［J］. Chemical Engineering Journal，2019，358：236-242.

［11］ FAN Y Z，HU H Q，LIU H. Enhanced coulombic efficiency and power density of air-cathode microbial fuel cells with an improved cell configuration［J］. Journal of Power Sources，2007，171：348-354.

［12］ XIAO X X，XIA H Q，WU R R，et al. Tackling the challenges of enzymatic（Bio）fuel cells［J］. Chemical Reviews，2019，119（16）：9509-9558.

［13］ TORRES C I，LEE H S，RITTMANN B E. Carbonate species as OH⁻ carriers for decreasing the pH gradient between cathode and anode in biolog-ical fuel cells［J］. Environmental Science & Technology，2008，42（23）：8773-8777.

［14］ ROSSO D，LARSON L E，STENSTROM M K. Aeration of large-scale municipal wastewater treatment plants: state of the art[J]. Water Science and Technology, 2008, 57(7):973-978.

[15] KIM B H, CHANG I S, GADD G M. Challenges in microbial fuel cell development and operation[J]. Applied Microbiology and Biotechnology, 2007, 76:485-494.

[16] ZHANG S J, YU H Q, FENG H M. PVA-based activated carbon fibers with lotus root-like axially porous structure[J]. Carbon, 2006, 44(10):2059-2068.

[17] NASAR A, PERVEEN R. Applications of enzymatic biofuel cells in bioelectronic devices: a review[J]. International Journal of Hydrogen Energy, 2019, 44(29):15287-15312.

[18] KUMAR S S, KUMAR V, MALYAN S K, et al. Microbial fuel cells (MFCs) for bioelectrochemical treatment of different wastewater streams [J]. Fuel, 2019, 254(10):115526.1-115526.17.

[19] CHENG K Y, CORD-RUWISCH R, HO G. A new approach for in situ cyclic voltammetry of a microbial fuel cell biofilm without using a potentiostat [J]. Bioelectrochemistry, 2009, 74(2):227-231.

[20] KUMAR S S, KUMAR V, KUMAR R, et al. Microbial fuel cells as a sustainable platform technology for bioenergy, biosensing, environmental monitoring, and other low power device applications[J]. Fuel, 2019, 255(11): 115682.1-115682.11.